# オープンソースの教科書

The textbook of the Open source

宮原徹、姉崎章博 ● 著
OSPN ● 監修

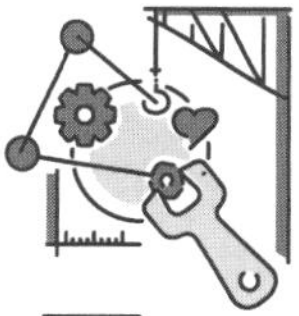

C&R研究所

## ■ 本書について

- 本書に記述されている製品名は、一般に各メーカーの商標または登録商標です。
  なお、本書では™、©、®は割愛しています。
- 本書は2021年7月現在の情報で記述されています。
- 本書は著者・編集者が内容を慎重に検討し、著述・編集しています。ただし、本書の記述内容に関わる運用結果にまつわるあらゆる損害・障害につきましては、責任を負いませんのであらかじめご了承ください。

# はじめに

私がオープンソースソフトウェアに触れるようになったのは、大学3年生のころなので、1992年あたりでしょうか。当時はまだインターネットが使えず、電話回線でパソコンをつなぐ「パソコン通信」の時代でした。すでにGCC(GNU C Compiler)やエディタのEmacsなどが出てきており、ダウンロードして動かしてみて、こんなソフトウェアが出回っているのか、と感心したものでした。このころはまだオープンソースという言葉はなかったので、正確にはフリーソフトウェアですね。

その後、外資系ソフトウェア企業に就職し、本物のUnixに触れたり、LinuxでWebサーバーやメールサーバーを動かすなど、身近なところにUnixやオープンソースがありました。最終的に、オープンソースの自由な雰囲気をもっと広めるために、ベンチャー企業への転職を経て独立。オープンソースが扱えるエンジニアの育成に従事して、すでに20年以上が経ちました。

今ではオープンソースであることが当たり前になりましたが、オープンソースとは何かについてまとめられた教科書的なものがない、ということで本書を執筆する機会を得ました。

本書の中でも、特にオープンソースの歴史については、私自身がほぼリアルタイムで経験してきたことと、あらためて調べながら書いたことが入り交じっていますが、私にとっても良いふり返り、良い勉強となりました。オープンソースは単に実務に役立つということだけでなく、背景に自由なソフトウェアを求めるという哲学があり、また、皆で協力し合うコミュニティの楽しさがあることを少しでも伝えられればと思っています。

## 本書を読むときの留意点

本書の執筆にあたり、次のようなことを考えながら書きました。読むときに、頭の片隅に置いておいてください。

### ◆本書の構成

第1章および第2章は総論的な位置付けとして、まずはオープンソースについて理解するために必要なポイントを網羅しました。ここだけ読んでもらうだけでも、一通りのことがわかるようにしました。

第3章以降は各論です。総論で触れた事柄についてカテゴリー別に分けて書いていています。基本的に順番に読むことを想定していますが、興味のあるところだけ読んでも大丈夫です。

## ◆本書は完全な正確さを目指していません

初学者のために「まずはわかる」ということを重視して書きました。そのため、複雑にならないようシンプルな説明を心がけています。そのため、足りない部分もあるので、知識を吸収するための土台作りとして本書を使ってください。そして、本書を卒業した後にもいろいろな情報に当たって、理解を深めていってください。

## ◆中立的な視点を養ってください

私はクローズドソースのソフトウェアでも世界的なシェアを持つ外資系ソフトウェア企業での仕事の中でオープンソースに出会い、その魅力に惹かれて独立、オープンソースソースに関わるさまざまな仕事をしてきました。それでも、盲目的にオープンソースを信奉するのではなく、できるだけ中立的な立場を維持することを心がけてきました。

善悪で物事を分ける二元論に陥ることなく、自由でオープンなメリットを最大化するためにはどうしたらいいのか、という観点でオープンソースを学び、課題の解決に取り組んでください。

## 執筆者・監修者について

本書の主な執筆は宮原が担当しました。第7章のオープンソースとライセンスに関する章は姉崎章博氏に執筆していただきました。執筆後のレビューを、オープンソースの普及活動を行っているOSPN（Open Source People Network）の有志の皆さんにお願いしました。協力してくれた方は次の皆さんです（順不同）。

- 案浦浩二
- 池田百合子
- 嶋坂紀隆
- 松澤太郎（日本UNIXユーザ会）
- 坂ノ下勝幸

● 佐藤玲
● 岡松伸太郎(日本UNIXユーザ会)

## 執筆を終えて

構想段階では、もっとたくさんの人に執筆してもらい、さまざまな角度からオープンソースについての考え方を伝えられる教科書にしたかったのですが、書いてほしいことが執筆候補者にうまく伝えられず、結局ほぼ私単独の執筆となってしまったのが心残りです。何かの機会に実現したいと思っています。

オープンソースの魅力は、なんといっても関わっている人の多様さにあります。そして、さまざまな考えの人が自分の思ったように活動できる「自由」な雰囲気こそ、オープンソースがここまで成長した理由でしょう。本書が、そんな自由の匂いを皆さんに届ける一助になれば幸いです。

2021年7月

宮原 徹

CONTENTS

目次

CONTENTS

## 第2章 オープンソースを使ってみる



## 第3章 オープンソースとコミュニティ

## 第6章 オープンソースの歴史



## 第7章 オープンソースとライセンス

# 第8章 さまざまなオープンソースの実例

# 第1章 オープンソースソフトウェアとは何か

オープンソースソフトウェアという言葉は、さまざまな意味や側面を持っています。それはオープンソースのライセンスであったり、「自由なソフトウェア」を求めるムーブメントやコミュニティ活動であったりします。

本章では、オープンソースソフトウェアに関わるさまざまな事柄について整理し概観することで、オープンソースソフトウェアの全体像を掴みましょう。

# オープンソースソフトウェアとは

「オープンソースソフトウェア」とは、ソフトウェアの「素（ソース）」であるソースコードが公開されており、自由に取り扱えるソフトウェアのことです。頭文字を取って「ＯＳＳ」、あるいは省略して「オープンソース」と呼ばれることもあります。本書では今後「オープンソース」と表記した場合には基本的にオープンソースソフトウェアのことを指します。

## ソフトウェアとソースコード

ソフトウェアは、コンピュータを動作させるための命令の集まりです。プログラムと呼ばれることもあります。コンピュータに行わせたい処理に沿ってソフトウェアを開発するプログラマが記述します。これを「ソースコード」と呼びます。

ソースコードは、プログラマがプログラミング言語で記述します。人間が読み書きしやすい形式で書かれているので、コンピュータが実行しやすいように事前に変換（コンパイル）を行います。我々が一般的に触れるソフトウェアは、この変換を行った後の実行可能な形式（バイナリ）になります。

## ◆用語について

たとえば、スマートフォンにインストールして使うアプリ（アプリケーション）も変換後のソフトウェアです。コンピュータの用語は、同じものを別々の名称で呼んだり、同じ用語でも指すものが変わったりすることがあるので、それぞれの文脈で何を指すか判断しましょう。

## ソフトウェアビジネスの発展とソースコードの非開示

コンピュータが世の中に出回り始めたころは、研究者や愛好家の間でソースコードを共有し、見せ合うことが当たり前のように行われていました。

しかし、コンピュータがビジネスになり始めると、企業が開発したソフトウェアは重要な財産となり、ソースコードは外部に対して開示しないようになります。これをオープンの反対で「閉じている」（closed）ということで「クローズドソース」と呼びます。また、「独占的な」という意味で「プロプライエタリ」なソフトウェアと呼ぶこともあります。ソフトウェアの知的財産権を守るために、ソースコードを開示しないことは当然のこととして捉えられていました。

## 不自由なソフトウェアとその解決方法

しかし、ソフトウェアの問題（バグ）を直したり、機能を追加したいときにはソースコードを修正する必要があります。クローズドソースの場合、開発した企業が修正を行う必要がありますが、必ずしも修正を行ってもらえるわけではありません。逆にビジネスにならない場合には、そのソフトウェアを捨ててしまい、提供を中止してしまうこともあります。こうなると利用者（ユーザー）はそのソフトウェアの問題も解決されず、使い続けることもできない不自由な状態に置かれます。

このようなソフトウェアの不自由な状態を解決していこうという考え方として「フリーソフトウェア」（フリーは「自由」の意）という運動が生まれ、さらに発展して「オープンソースソフトウェア」と考え方が広まるようになりました。

# ソフトウェアを開発するには

オープンソースを理解するには、そもそもコンピュータ、ハードウェアやソフトウェア、プログラミングなどについての一般的な知識が必要です。ここでは基本的なソフトウェア開発に必要な基礎知識を解説します。

## コンピュータの構成

コンピュータは、ＣＰＵやメモリ、記憶装置など、物理的な部品で構成されている「ハードウェア」と、ハードウェアを動作させる命令を記述した「ソフトウェア」で構成されています。

ソフトウェアと同様に、ハードウェアの設計をオープンにする「オープンハードウェア」というものもあります。

## ソースコードを変換して機械語に

ソフトウェアはさまざまな計算処理を行うCPUが理解できる「機械語」(マシン語とも呼びます)で記述されています。しかし、開発者がすべて機械語で記述するのは困難なので、人間が読み書きしやすい「プログラミング言語」で記述し、機械語に変換することでソフトウェアを開発しています。この記述したものが「ソースコード」です。

## コンパイルとバイナリ

ソースコードから機械語に変換する作業を「コンパイル」と呼びます。そしてコンパイルして機械語に変換されると「バイナリ」が生成されます。コンピュータが理解できるのは0と1の2進数のため、2進法を表す言葉であるバイナリと呼びます。

コンパイルを行うコンパイラは、ソースコードに記述された命令をそのまま1対1で機械語に変換するのではなく、いくつかの機械語命令に展開したり、効率良く実行できるように最適化と呼ばれる処理を行います。そのため、バイナリを逆コンパイルしてももとのソースコードには戻りません。ソフトウェアを修正するにはソースコードが必要となる理由の1つが、このコンパイルの特性にあります。

## ◆逆アセンブル

　バイナリから、どのような処理を行っているのかを調べることを逆アセンブルと呼びます。これはもともと、プログラムを機械語で記述する「アセンブラ」というプログラミング方法があり、これと逆に機械語からアセンブラを生成するのが逆アセンブラです。

　機械語やアセンブラがわかれば逆アセンブルでソフトウェアを修正したりすることができますが、現在のソフトウェアは非常に大きなものになっているため、修正は現実的ではありません。ただし、内部的な仕組みを調べるために行われることはあり、このような作業全般を「リバースエンジニ

◉ソースコードをコンパイルすることでバイナリが生成される

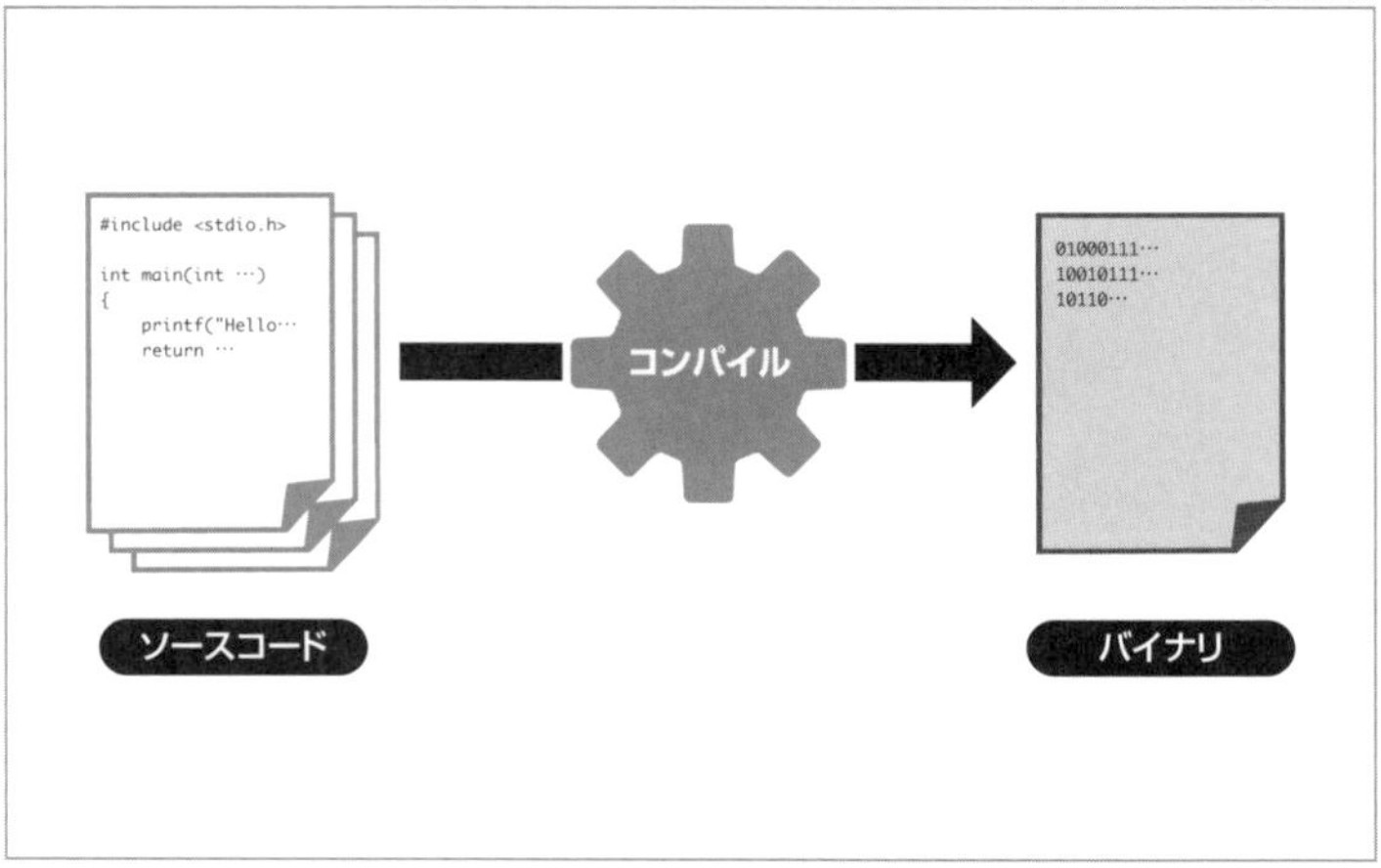
#include <stdio.h>
int main(int …)
{
printf("Hello…
return …
コンパイル
01000111…
10010111…
10110…
ソースコード
バイナリ

アリング」と呼んでいます。商品としてのソフトウェアは、リバースエンジニアリングを禁じていることがほとんどです。

## インタープリタ型言語

従来のソフトウェア開発でよく使われているＣ言語やJavaはコンパイルが必要な言語ですが、Ｗｅｂアプリケーションの開発でよく使われているＰＨＰやPython、Rubyなどの言語は事前のコンパイルが必要ない、実行時に変換が行われる「インタープリタ型」の言語です。

インタープリタは「通訳」という意味なので、外国語の話を逐次通訳しているイメージを浮かべるといいでしょう。逆にコンパ

◉ソースコードを実行環境に読み込ませて実行する

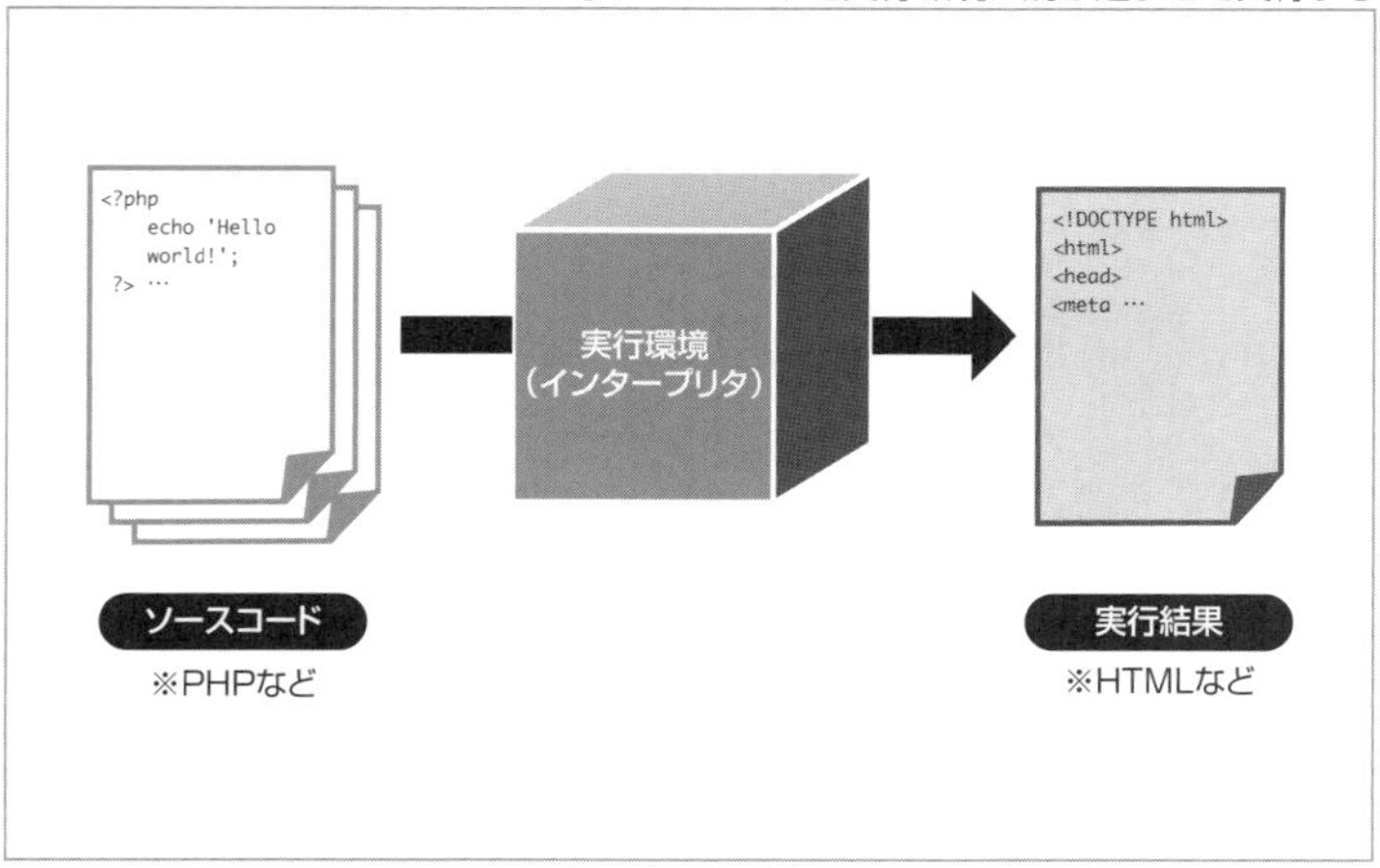

イラ型の言語は事前にすべて機械語に変換しているので「翻訳」と考えてもよいかもしれません。

インタープリタ型言語で記述したソフトウェアは、コンパイルの代わりに「実行環境」などと呼ばれるソフトウェアに読み込ませて実行します。実行結果は、たとえばＰＨＰではＨＴＭＬファイルが生成されます。

## ◆Javaはインタープリタ型言語?

Javaは、インタープリタ型言語と説明される場合もあります。Javaはコンパイルすると「中間言語」に変換され、この中間言語をJavaVMに読み込ませることで最終的に動作します。中間言語を実行する動作はインタープリタ型言語に近いため、Javaをインタープリタ型言語と説明するわけです。

Javaのように中間言語を実行時にさらに変換する方法をＪＩＴコンパイルと呼びます。ＪＩＴは「Just In Time」、つまり実行するときに(最終的な)コンパイルを行う方式です。同じようなＪＩＴコンパイルする言語としてC#などがあります。ＪＩＴコンパイルはインタープリタ型言語よりも高速に実行できるメリットがあります。

## ◆インタープリタ型言語と難読化

インタープリタ型の言語で記述されたソフトウェアは、必然的にオープンソースな状態となります。この状態を避けるため、ソースコードを読みにくくするために「難読化」という処理を行う場合があります。

ただし、難読化を行ってもソースコードの修正自体は可能ですし、実効速度が遅くなってしまう場合があるなど、デメリットもふまえて難読化を行うべきかを判断する必要があります。

# オープンソースのメリット

オープンソースソフトウェアが広まったのは、ソースコードが公開されていることによるメリットを享受している人がたくさんいて、支持の輪が広がっていったことにあります。では、具体的にどのようなメリットがあるのでしょうか。いくつかのメリットは相互に関係がありますが、ここではわかりやすい順番に挙げています。

### 無償である

オープンソースソフトウェアは、ソースコードが公開されており、誰でも自分でコンパイルして利用できるので原則無償です。とはいえ、多くのユーザーはコンパイル済みのバイナリを入手して利用しています。

### 問題を修正したり、機能を追加できる

ソースコードの修正を自由に行えるので、バグで困っていれば修正して直したり、

欲しい機能があれば追加できます。多くのオープンソースソフトウェアが、開発者のそのような共同作業によって開発が進められています。

## 自由にビジネスで利用できる

コンピュータがビジネスになったことで広まったように、オープンソースもビジネスで利用できることで広まりました。企業がユーザーとして自由に利用できるだけでなく、技術サポートなどのサービスも自由に提供できます。

## コミュニティによる相互支援

オープンソースソフトウェアは、「コミュニティ」と呼ばれる人々の集まりによって開発が進められたり、さまざまな情報を発信したり、技術的なサポートなどを行うことで維持運営されています。特に専門性の高いソフトウェアになると、所属している企業・組織の垣根を越えて相互に支援し合う関係になることが多く、高いレベルのコミュニティが形成されます。

# オープンソースのデメリット

オープンソースには多くのメリットがありますが、その裏返しとしてデメリットもあります。ここではいくつかのデメリットも挙げておきます。

## オープンソースは儲からない

オープンソースは無償か、あるいは技術サポートなどのサービスの対価を得るのがビジネスの基本となるので、従来のようなソフトウェアのビジネスと比較するとあまり儲からないと考えられています。

このデメリットに対して、ソースコードは開示するが費用の支払いを要求するもの、一部の便利な機能はクローズドソースで提供するものなどが存在しています。

## セキュリティが脆弱である

ソースコードが公開されているため、悪意のある攻撃者がソフトウェアの脆弱性を発見し、攻撃してくる可能性があります。

このような指摘に対して、さまざまな開発者がソースコードを精査していること、脆弱性が発見された場合には素早く修正が行えることなど、透明性が逆にセキュリティを高めているという主張もあります。

## 自己責任である

オープンソースの利用は、原則として自己責任です。利用によって何か不利益を被ったとしても、開発者にその責任を負わせることはできません。

ただし、有償の技術サポートを受けることができますし、不具合はコミュニティに報告したり、必要ならば自分で修正できるなど、自己責任でも問題の解決は可能です。

# オープンソースの火付け役「Linux」

オープンソースがここまで広まったのは、オープンソースのＯＳ（オペレーティングシステム）であるLinuxの存在があります。

## Linuxは OSの核となるカーネル

LinuxはＯＳと説明しましたが、より正確にいうと「カーネル」（kernel）と呼ばれる種類のソフトウェアです。カーネルは、コンピュータのハードウェアを動かすための最も基本的なソフトウェアであり、ＯＳ全体から見ると核と呼べる存在です。

Linuxは１９９１年、フィンランドのリーナス・トーバルズ（Linus Torvalds）がUnix互換のカーネルとして開発、ソースコードを公開したところから始まっています。

## OSの定義

現在ＯＳとして提供されるソフトウェアが肥大化したことで、ＯＳとは何かを定義するのが少し難しくなっていますが、OSは「コンピュータのハードウェアを動作させるために最低限必要なもの」と理解されています。

最低限必要なものとは、Linuxのようなカーネルとデバイスドライバ、基本的な動作を行うためのライブラリ、そして各種アプリケーションなどが挙げられます。

## Unixもソースコードが公開されていた？

Linuxがオープンソースとして公開されたことのインパクトを理解するには、当時のUnixの状況を知る必要があります。

Unixはアメリカの電話通信会社AT&T

◉OSはカーネルとさまざまなソフトウェアの組み合わせで成り立っている

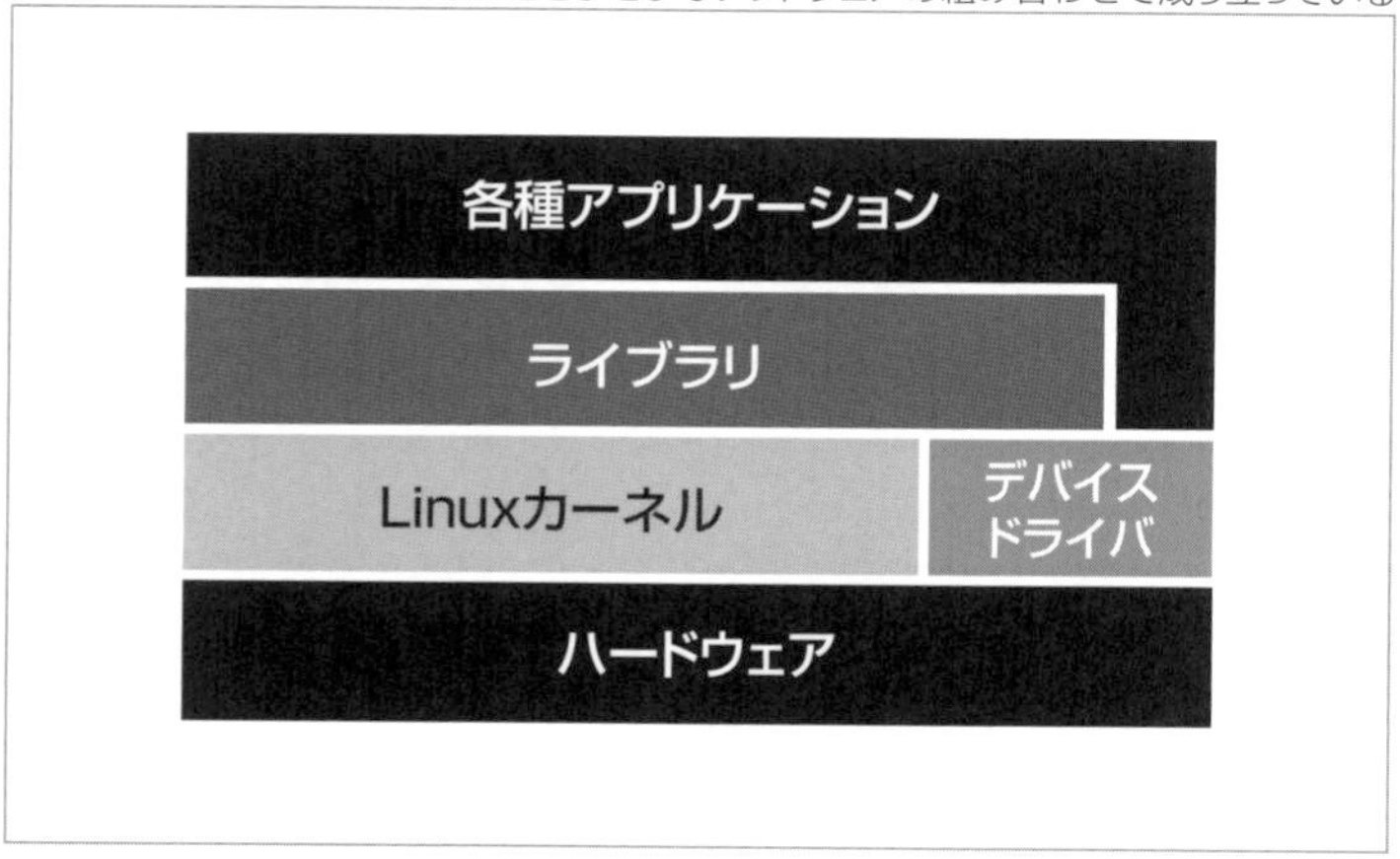

のベル研究所で開発されたＯＳですが、ＡＴ＆Ｔは法的に独占を禁止されているため、Unixのソースコードが外部に提供されていました。しかし、１９８４年にＡＴ＆Ｔが解体され、法的制限が取り払われたため、Unixのソースコードは提供されなくなりました。このような判断は、コンピュータがビジネスになっていた１９８０年代当時としては当然のものでした。

１９８０年代後半には、Unixがあまり自由ではないソフトウェアになりました。

## Linuxはなぜ広まったのか？

Linuxが広まった理由を考えると、Linuxがオープンソースであることのほかに、当時の時代背景に注目する必要があります。時間を進めて、１９９０年代のUnixやLinuxを取り巻く環境を見てみましょう。

### ◆ＰＣが普及し始めた

当時、Unixを使用するには各社独自のハードウェアが必要でしたが、大変高額でした。一方、市場にはＰＣが普及し始めており、安価なＰＣ上で動作するLinuxが受け入れられました。当時、ＰＣ上で動作するUnix互換のＯＳとしてＭＩＮＩＸがありましたが、教育目的であることや機能的な制限が多いなどの課題がありました。Linuxはこのｍ ＭＩＮＩＸの置き換えを目指して開発された、という経緯があります。

## ◆インターネットが普及した

それまで大学や研究機関しか接続していなかったインターネットが、１９９３年に商用化され、一般の企業や個人が接続できるようになりました。その際にＷｅｂサーバーやメールサーバーが必要となり、安価にサーバーが構築できるLinuxが徐々に使われるようになりました。

## ◆ライバルが自滅した

Unixのクローズドソース化の後、さまざまな企業が自社独自のハードと、その上で動作する自社独自のUnixでビジネスを行っていました。それらは高額なため、販売数は大幅には増えないビジネスモデルでしたので、安価なＰＣにシェアを奪われていきました。また、権利関係の訴訟など、一種の「内輪もめ」をしている間に、前述の通り安価なLinuxがシェアを伸ばしていきました。

## 幸運に恵まれたLinux

このような背景と相まって、Linuxはオープンソースの OSカーネルとして人気を博していくようになります。ある意味、Linuxは幸運だったといえるでしょう。技術力の高い開発者を中心に、新機能の追加やさまざまなハードウェア、デバイスの対応などが進められ、また、コミュニティで開発するモデルとなっていきました。

# オープンソースとコミュニティ

オープンソースソフトウェアの開発モデルの特長として、コミュニティの存在が挙げられます。コミュニティとはどのようなものなのでしょうか。

## 開発者コミュニティ

オープンソースソフトウェアのコミュニティで最もわかりやすいのが開発者の集まりである開発者コミュニティです。多くのオープンソースソフトウェアは最初は1人、あるいは少人数のグループで開発が始まりますが、ソースコードを公開し、使う人が増えることで徐々にバグを修正したり、機能を追加するための開発を行う人が増えていきます。

たとえばLinuxカーネルの場合には、世界中の開発者がコミュニティを形成しています。

## ユーザーコミュニティ

オープンソースソフトウェアを使う人の集まりがユーザーコミュニティです。日本では開発する人のコミュニティよりも、使う人のコミュニティの方が活発な傾向があります。

コミュニティの主な活動としては、相互に技術サポートを行ったり、ドキュメントの翻訳や作成をしたり、カンファレンスや勉強会などを開催して情報交換するなど、ユーザーの輪を広げていくための活動が中心となります。

## 目的指向型のコミュニティ

特定のオープンソースソフトウェアに限定しない、目的指向のコミュニティもあります。

たとえば、ドキュメントの翻訳を行っている人たちの翻訳者コミュニティ、プログラミングの教育などを行っている人たちの教育コミュニティ、業務でオープンソースソフトウェアを扱っている人たちのビジネスコミュニティなどがあります。

目的指向型の場合、扱う技術やソフトウェアが多種多様となるので、幅広く技術を修得したいような場合には、このようなコミュニティに参加してみてもいいかもしれません。

### 地域コミュニティ

特定の地域で集まるコミュニティもあります。日本でも、各地にコミュニティが存在しているので、近くにそのようなコミュニティがないか探してみるとよいでしょう。

### コミュニティへの参加方法

コミュニティへの参加方法はそれぞれのコミュニティによって異なりますが、大きく分けると情報交換のチャンネルに入ることと、より明確にメンバーとして参加登録が必要な場合があります。

前者の場合、以前はメールを使ったメーリングリストなどが主流でしたが、最近はSlackやDiscordなどのようなメッセージ交換ツールを使って情報交換を行っている場合が多いようです。

後者の場合、コミュニティ自体がNPOなどの組織となっていて、参加する場合には入会費や年会費を徴収するなど、よりメンバーとしての活動が明確になっていることが多いようです。

いずれにしても、受け身になっているだけではコミュニティに参加していることにはならないので、まずは自分が何ができるか、何で貢献できるかを考えることが重要です。

●Linuxカーネルの開発者が参加するLinux Kernel Mailing List

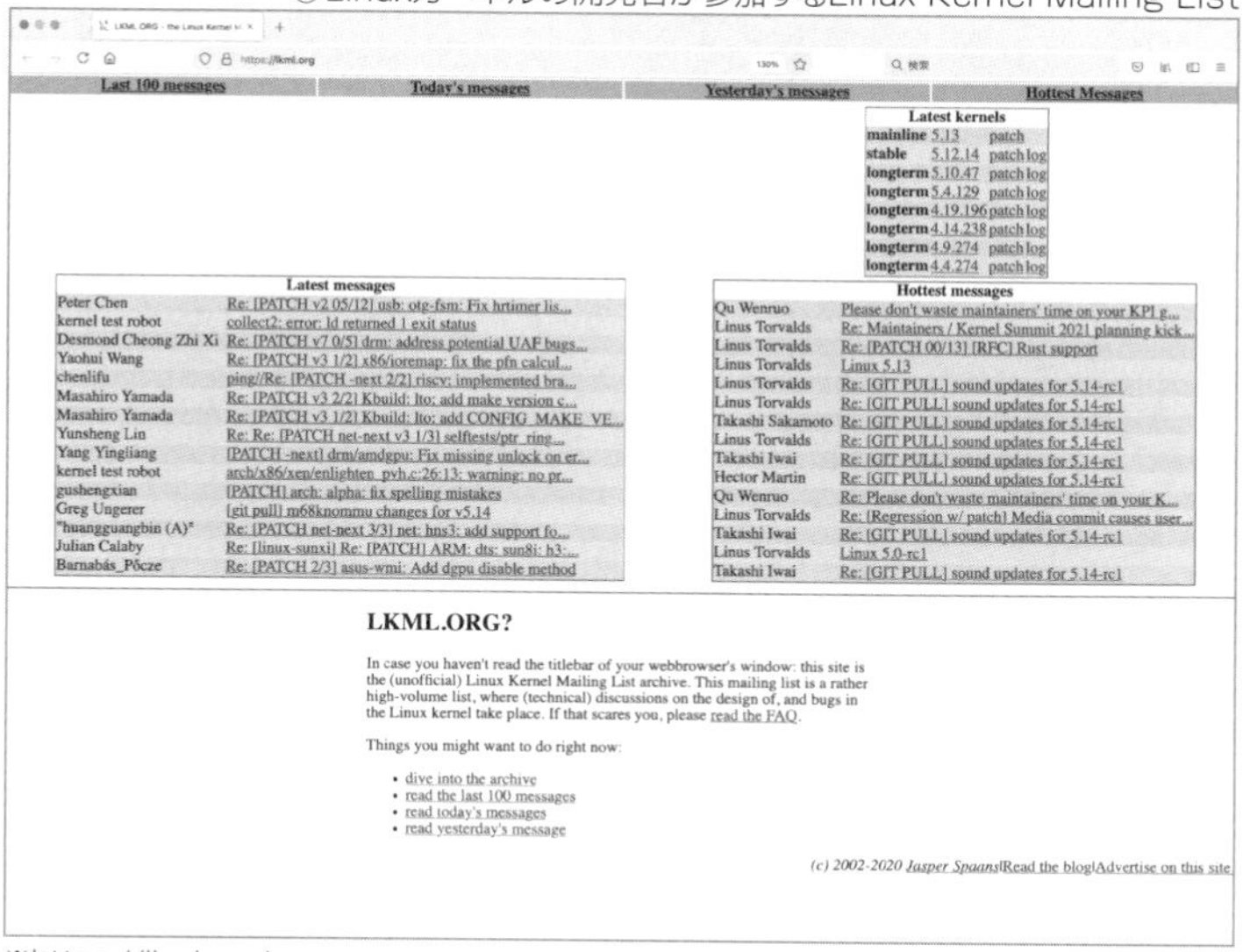
Last 100 messages
Today's messages
Yesterday's messages
Hottest Messages
Latest kernels
mainline 5.13 patch
stable 5.12.14 patch log
longterm 5.10.47 patch log
longterm 5.4.129 patch log
longterm 4.19.196 patch log
longterm 4.14.238 patch log
longterm 4.9.274 patch log
longterm 4.4.274 patch log
Latest messages
Hottest messages
LKML.ORG?
In case you haven't read the titlebar of your webbrowser's window: this site is the (unofficial) Linux Kernel Mailing List archive. This mailing list is a rather high-volume list, where (technical) discussions on the design of, and bugs in the Linux kernel take place. If that scares you, please read the FAQ.
Things you might want to do right now:
• dive into the archive
• read the last 100 messages
• read today's messages
• read yesterday's message
(c) 2002-2020 Jasper Spaans|Read the blog|Advertise on this site
※https://lkml.org/

# オープンソースを開発する人たち

オープンソースソフトウェアの開発に携わる人は、オープンソース初期に比べると現在では非常に幅広くなっており、その動機もさまざまです。ここでは、どのような人がオープンソース開発に参加しているのかを解説します。

## 自分が欲しいから開発する

オープンソースソフトウェアを開発する動機として多いといわれているのが、そのソフトウェアを自分が欲しい、必要としているから開発する、というものです。

たとえばLinuxカーネルも、ＭＩＮＩＸというUnix互換ＯＳの機能が十分ではなく、ほかに代わるものがなかったのが開発をするきっかけでした。

現在では開発したソフトウェアをオープンソースにすることは自然なものとなりつつあります。

## 仕事として開発する

オープンソースソフトウェアの開発自体を仕事としている人も多く存在するようになりました。Linuxカーネルやデータベース、開発言語など、業務システムで使われることが多いソフトウェアが主な開発の対象となります。

企業が自身のシステムでそのソフトウェアを使用するために詳しい開発者を雇用したり、ユーザーに対して技術サポートを提供するために社員に開発を行わせるなど、オープンソースソフトウェアがビジネスになることで業務として開発を行う需要が高まりました。場合によっては、海外で開発を行っている開発者を雇用するケースなどもあるようです。

## どのように開発を進めるのか

開発者コミュニティの中で開発をどのように進めているのでしょうか。

### ◆ソースコードの共有

ソースコードの共有は、オープンソース開発の基本中の基本といえます。最近ではＧｉｔのような分散型のソースコード共有の仕組みを使って開発を進めるパターンが多くなっています。

皆で共有している、大もとのソースコードのことを「メインストリーム」や「アップストリーム」などと呼びます。そして、オープンソースでは自家製のソースコードを使って独自のバージョンを作ることも自由です。既存のソースコードから枝分かれさせることを「フォーク」と呼びます。

◉ソースコード共有で使われるGitHub

※https://github.co.jp/

### ◆課題の管理

バグの修正や新機能の追加など、開発で解決すべき課題も重要です。ソースコード共有の仕組みとセットで課題管理が行えたり、別途チケット管理システムなどを利用して管理している場合もあります。

### ◆意見交換

開発を進めるにあたっての意見交換は、課題管理システム上で行うほか、メーリングリストやメッセージ交換ツールなどで日常的に行うことが多いようです。また、大きな開発の方向性などを決めるために、開発者会議を開いて議論を行うことなどもあります。

### ◆意思決定

バグ修正や新機能の追加も、無秩序に行うわけにはいきません。そこでコミッターと呼ばれる、最終的なソースコードへの修正を行える権限を持つ開発者を選出し、コミッターが意思決定を行うようにしていることが多いようです。

コミッターになる方法はさまざまですが、開発力があることはもちろん、さまざまな修正提案に対して的確に判断、意思決定できることなども求められます。修正提案を頻繁に上げるなど開発に熱心だと認められると、ほかのコミッターから推薦されて新しいコミッターになることが多いようです。

より規模の大きい開発コミュニティの場合、意思決定を行うための組織を別途作るような場合もあります。株式会社における取締役会のようなものです。メンバーの選定には、立候補やコミュニティメンバーの投票による選挙など、民主的な手続きで選定する方式が採用されるようです。

# ライセンスという考え方

ソフトウェアは形がない知的財産なので、その法律的な権利は著作権のような法律と、それぞれのソフトウェアに付与されたライセンスによって守られています。オープンソースソフトウェアもライセンスを付与することによって、自由に使える権利が守られています。

では、ライセンスとは一体何なのでしょうか?

## 知的財産権という概念

形のある物(動産)や、土地や建物(不動産)は、「所有権」という概念でその権利が守られています。一方、ソフトウェアのような形がないものは、知的財産権(知的所有権)という概念でその権利が守られています。

知的財産権には、第三者が勝手に利用できない、勝手に改変できないなど、知的所有権者の権利を守るための制限が課せられています。

## 使用権許諾という考え方

動産や不動産を第三者に利用させるには「貸す」という形をとります。ソフトウェアを第三者に使用させるには、使ってもよいという「使用権」を相手に許す「使用権許諾」という形をとります。

たとえば、我々がソフトウェアを購入した場合、ソフトウェアそのものの知的財産権を取得したわけではなく、あくまで使用権を許諾された、と考えます。この使用権を許諾する方法を「ライセンスする」と呼んだりもします。

## オープンソースのライセンスの基本的な考え方

オープンソースソフトウェアは、GNU GPL（GNU General Public License）など、さまざまなオープンソースのライセンスが適用されています。

一般的なソフトウェアのライセンスがその利用に制限を加える性質があるのに対して、オープンソースのライセンスではソースコードを改変したり、自由に再配布することを許しています。これらは逆に、オープンソースソフトウェアの自由に対して制限を加えるような行為を禁止するものとして働きます。たとえば、ソースコードを修正した派生物を開発して第三者に再配布した場合には、そのソースコードも開示しなければならないなどの義務も課しています。

一般的なクローズドソースのライセンスと、オープンソースのライセンスは、その考え方が異なるということをまず覚えておいてください。

●GNU GPLの日本語訳のページ

TOP Page

GNU 一般公衆利用許諾契約書

[ チェコ語 | 英語 | 日本語 ]

- GPL 違反と思われる事例を見かけたら
- GPL の各国語訳
- GPL に関してよく聞かれる質問
- GNU 一般公衆利用許諾契約書 (GPL) プレーンテキスト形式
- GNU 一般公衆利用許諾契約書 (GPL) Texinfo 形式

もくじ

- GNU 一般公衆利用許諾契約書
  - はじめに
  - 複製、頒布、改変に関する条件と制約
  - 以上の条項をあなたの新しいプログラムに適用する方法

GNU 一般公衆利用許諾契約書

バージョン 2、1991年6月
日本語訳、2002年8月28日

Copyright (C) 1989, 1991 Free Software Foundation, Inc.
59 Temple Place - Suite 330, Boston, MA 02111-1307, USA

この利用許諾契約書を、一字一句そのままに複製し頒布することは許可する。
しかし変更は認めない。

This is an unofficial translation of the GNU General Public License into Japanese. It was not published by the Free Software Foundation, and does not legally state the distribution terms for software that uses the GNU GPL--only the original English text of the GNU GPL does that. However, we hope that this translation will help Japanese speakers understand the GNU GPL better.

(訳: 以下はGNU General Public Licenseの非公式な日本語訳です。これはフリーソフトウェア財団(the Free Software Foundation)によって発表されたものではなく、GNU GPLを適用したソフトウェアの頒布条件を法的に有効な形で述べたものではありません。頒布条件としてはGNU GPLの英語版テキストで指定されているもののみが有効です。しかしながら、私たちはこの翻訳が、日本語を使用する人々にとってGNU GPLをより良く理解する助けとなることを望んでいます。)

※https://licenses.opensource.jp/GPL-2.0/gpl/gpl.ja.html

## オープンソースライセンスの違い

オープンソースのライセンスはさまざまなものがあります。改変などの自由を認めるところは概ね共通していますが、義務を課す部分についてはライセンスによって差異があります。最低限の義務しか課さないものや、修正部分をオープンソース化しなくてもよいとするものもあります。

オリジナルの開発者は、それぞれのポリシーに従ってライセンスを選択します。主だったライセンスがどのような義務を課しているのか、知っておくとよいでしょう。

# オープンソースとビジネス

オープンソースの自由の1つとして、ビジネスで自由に利用できることが挙げられます。原則無償のオープンソースとビジネスは相容れないように見えますが、現在のＩＴビジネスではオープンソースを活用することは外せません。

ここではオープンソースとビジネスの実像を解説します。

## ソフトウェアとビジネス

もともと、ソフトウェアは研究者や愛好家などの間でコピーして使われるのが普通でしたが、徐々に商品としての価値が高まり、販売されるものへと変わっていきました。ソフトウェアは形がないものなので、ソフトウェアそのものを販売するのではなく、そのソフトウェアを使ってもよいという許可である「使用権許諾」を相手に与える、という形になっています。

また、コンピュータが高額だったころには、ハードウェアを販売する金額の中にハードウェアを動かすためのソフトウェアや、コンピュータを動かす人の作業（サービス）なども含まれていました。

そして現在のソフトウェアのビジネスは、使用権許諾とサービスで成り立っています。

## オープンソースでビジネスをしてもいいの？

オープンソースのメリットで説明した通り、オープンソースソフトウェアは原則無償で提供されています。無償だからビジネスにはならないのではないか、と考える人も多いですが、実際にはオープンソースは大きなビジネスとなっています。どういうことなのでしょうか。

オープンソースソフトウェアは原則無償だとしても、使用するにはソースコードをコンパイルしてバイナリを作成したり、インストール、設定など、さまざまな作業を行う必要があります。これらの作業は詳しい人であれば自分で行えますが、誰もが同じように行えるわけではありません。

また、実際に使えるようになっても、それを3年、5年と長い期間にわたって使い続けるにはメンテナンスを行っていく必要があります。状況に応じて、バージョンアップや設定の変更も行わなければならないかもしれません。このようなシステム管理も付加価値の1つです。

オープンソースのビジネスは主にサービスで成り立っていると考えるとよいでしょう。

## オープンソースのビジネスを食事にたとえると?

確かにオープンソースソフトウェアは無償かもしれません。たとえれば、それらは野生で育っている野菜や果物のようなものだと考えてもよいでしょう。しかし、それらを収穫したり、料理して食べられるようにするには一手間、二手間をかける必要があります。そしてお客さんは、最終的に食べられるようになった食事に対して対価を支払います。

このように、たとえ材料が無料であっても、手間暇をかけて付加価値を付けて、最終的に「美味しい食事」という商品にすることは可能です。オープンソースのビジネスも同じように、ソースコードは無償でも、さまざまな付加価値を付けて商品にすることができるというわけです。

# オープンソースとセキュリティ

オープンソースのデメリットの1つとしてセキュリティの脆弱性が挙げられますが、本当にそうなのでしょうか？　ここではオープンソースソフトウェアのセキュリティについて考えます。

## セキュリティの攻撃とは？

セキュリティの攻撃にはさまざまなものがありますが、オープンソースソフトウェアに対するセキュリティの攻撃はソースコードに含まれる脆弱性に対する攻撃が主なものとなります。たとえば、不正なデータを渡すことでソフトウェアに不正な動作をさせるなどの攻撃方法があります。これらの動作はソースコードに記述されている処理を見れば脆弱性の存在が明らかになるので、攻撃者は攻撃が行いやすくなります。

## オープンソースだからセキュリティが守られている?

ソースコードが公開されているので脆弱性を見つけやすいということは、攻撃しやすいだけでなく、直しやすいということもいえます。

実際、さまざまな開発者が脆弱性の発見と修正を行ってセキュリティが強化されている、という事実もあるので、ただ単純にソースコードが公開＝セキュリティ脆弱、ということはできないのではないでしょうか。

## セキュリティを守るためには

完璧なソフトウェアというものは存在しないので、日々脆弱性が発見され、修正されています。修正版が公開されたら、素早くバージョンアップを行うのも大切です。脆弱性はさまざまなデータベースとして公開されているので、それらをチェックし、使っているシステム内に含まれていないかを確認するようなソフトウェアもあります。脆弱性は素早く取り除く。これがセキュリティを高めるための基本となります。

また、最近ではソフトウェアの脆弱性を狙うだけでなく、マルウェアのようなソフトウェアをメール添付などによって送り込んで実行させ、データを流出させたり、重要なデータをデータを暗号化して利用できなくするなど、セキュリティ攻撃も異なる手法が増えています。さまざまなセキュリティ攻撃に対応するため、システム全体としてセキュリティを高める設計、運用が必要となるでしょう。

◉脆弱性の情報が報告されるJVN

※https://jvn.jp/

# オープンソースソフトウェアと似た活動

　オープンソースソフトウェアは、自由なソフトウェアを求めた社会的な運動であり、かつその成果でもあります。このような運動は、ソフトウェア以外でも行われるようになってきているので、ここではそのほかの運動についても見てみましょう。

## オープンハードとMaker運動

　オープンハードは、コンピュータのハードウェアや、そのほかの機械や電子機器の設計をオープンにして共有しよう、という運動です。

　コンピュータや電子機器は、回路図などの設計情報が共有されています。また、最近では、回路図さえあれば基板を製造してくれるサービスがあるので、基板を頒布するような活動が行われています。

　3Dプリンタやレーザー加工機などの機材が広まり、さまざまなパーツを1点から作ることができるようになったことも、オープンハードの運動を広める要因となったと考えられます。

　さまざまなモノを作る「Maker」（メイカー）のような運動も盛んになりつつあります。自分だけの独自のモノを作る人から、さらにはクラウドファンディングなどを利用して資金を調達し、製品として世の中に送り出す動きもあります。

## オープンデータとシビックテック

　オープンデータは、社会の活動に有益となる情報をオープンにして、さまざまな形で活用することを推進する運動です。行政が持つデータや、交通機関などの公共性の高いサービ

◉Makerの情報発信をしている「Make:」のWebサイト

※https://makezine.jp/

スのデータを活用する傾向が強く、社会の課題を解決する「シビックテック」のような運動との親和性が高いのも特徴です。

東日本大震災の後、震災に関わる情報を集約したWebサイト「sinsai.info」や、公共性の高いアプリケーションを開発する活動として立ち上がった「Code for Japan」や各地にある「Code for ○○」などがシビックテックの例として挙げられます。

また、新型コロナウイルスに関する情報を集約したWebサイト「東京都 新型コロナウイルス感染症対策サイト」はソフトウェア部分をオー

◉Code for JapnのWebサイト

Code for Japan
https://www.code4japan.org
HOME ニュース 個人 行政 企業 ブリゲード 団体概要
WHAT WE DO
Code for Japanの活動
企業
市民
行政・自治体
Code for Japan
ともに考え、ともにつくる。
地域行政の課題解決
行政・市民・企業の三者による、地域づくりへの挑戦
依存ではなく、共創を。
Code for Japan は、私たちひとりひとりが主体的に地域課題を捉え、手を動かしながら解決していくことができる様々な仕掛けを生み出し、オープンに公開しています。日本全国に地域版 Code forがあり、また世界各地にも各国版のCode for があります。そんな仲間たちと連携しながら、ワクワクする未来を創るための環境を育んできました。
市民・企業・自治体（行政）の三者が、それぞれの立場を超えて、様々な人たちと「とも

※https://www.code4japan.org/

プンソースソフトウェアとして公開したことで、そのほかの道府県でも同様の情報を公開するサイトが次々と立ち上げられました。これなどはオープンソースソフトウェア、オープンデータ、そしてシビックテックのような運動が相互に親和性の高いことを示す証左といえるでしょう。

## Creative Commons

Creative Commonsは、文章や画像、音楽、動画などの著作物に対して、作者が利用条件をCCライセンスとして付けることができるものです。

いくつかの条件を組み合わせた条件を付けることができますが、たとえば次のような条件があります。

### ◆表示(CC BY)

表示(CC BY)は、原作者のクレジット(名前や作品名など)を表示すれば、改変、営利目的の利用など自由に行える、最も自由度の高いCCライセンスです。

### ◆表示―継承（CC BY-SA）

表示―継承（CC BY-SA）は、原作者のクレジット（名前や作品名など）を表示し、改変した場合にはもとの作品と同じCCライセンスで公開する必要があるCCライセンスです。

これらのほかにもCCライセンスはありますが、この2つは特にオープンソースソフトウェアの考え方に近いものと考えられるでしょう。

CC BY-SAで公開されているものの例として、オンラインの百科事典であるWikipediaのコンテンツがあります。

●Creative CommonsのWebサイト

creative commons
JAPAN
クリエイティブ・コモンズ・ライセンスとは
クリエイティブ・コモンズは、クリエイティブ・コモンズ・ライセンス（CCライセンス）を提供している国際的非営利組織とそのプロジェクトの総称です。
CCライセンスとはインターネット時代のための新しい著作権ルールで、作品を公開する作者が「この条件を守れば私の作品を自由に使って構いません。」という意思表示をするためのツールです。
CCライセンスを利用することで、作者は著作権を保持したまま作品を自由に流通させることができ、受け手はライセンス条件の範囲内で再配布やリミックスなどをすることができます。（→CCライセンスの種類）
これらのマークが表示されていることが、著作物にCCライセンスが付けられていることを示す目印です（クリックすれば利用の条件が書かれたページにジャンプします。）。
"Some Rights Reserved" ―作品を共有する
作品検索
ライセンスを付与
カテゴリー
アーカイブ

※https://creativecommons.jp/licenses/

# 第2章 オープンソースを使ってみる

オープンソースソフトウェアは我々の身近な場所で使われています。ソースコードがオープンであるかどうかが主な違いであるため、利用者からはそれがオープンソースであるかどうかは一見してはわからないことが多いでしょう。

本章では、どのようなところでオープンソースソフトウェアが使われているのかを見ていきましょう。

# 一番身近なオープンソースはスマートフォンの中に

一番身近なオープンソースソフトウェアは、スマートフォンの中で使われています。たとえば、スマートフォンのOSであるAndroidはLinuxカーネルを中心にさまざまなオープンソースを取り込んでいますし、そのほかのアプリケーションでもたくさんのオープンソースが活用されています。

iPhoneなどのOSであるiOSでも、多くのオープンソースが使われているので確認してみましょう。

## AndroidはLinux

AndroidはGoogleが開発したスマートフォン用のOSです。現在ではスマートフォンだけでなく、たとえばテレビにはAndroid TVが組み込まれているなど、そのほかのデジタル製品にも組み込まれるようになっています。

もちろん、AndroidはLinuxカーネル以外のソフトウェアが組み合わさってできており、それらのすべてがオープンソースというわけではありません。

## Androidのライセンスを確認してみる

オープンソースソフトウェアは、ライセンスの表示を義務付けているものがあるため、Androidではライセンスの表示が行えます。

Android 9をインストールしたスマートフォンでは、次の手順でライセンスの確認が行えました。詳細な場所はバージョンなどによって異なる場合がありますが、端末に関する情報を表示するメニューの中にあることが多いようです。

**①「設定」を起動する**

**②「システム」を選択する**

◉筆者の自宅のテレビにはAndroid TVが組み込まれている

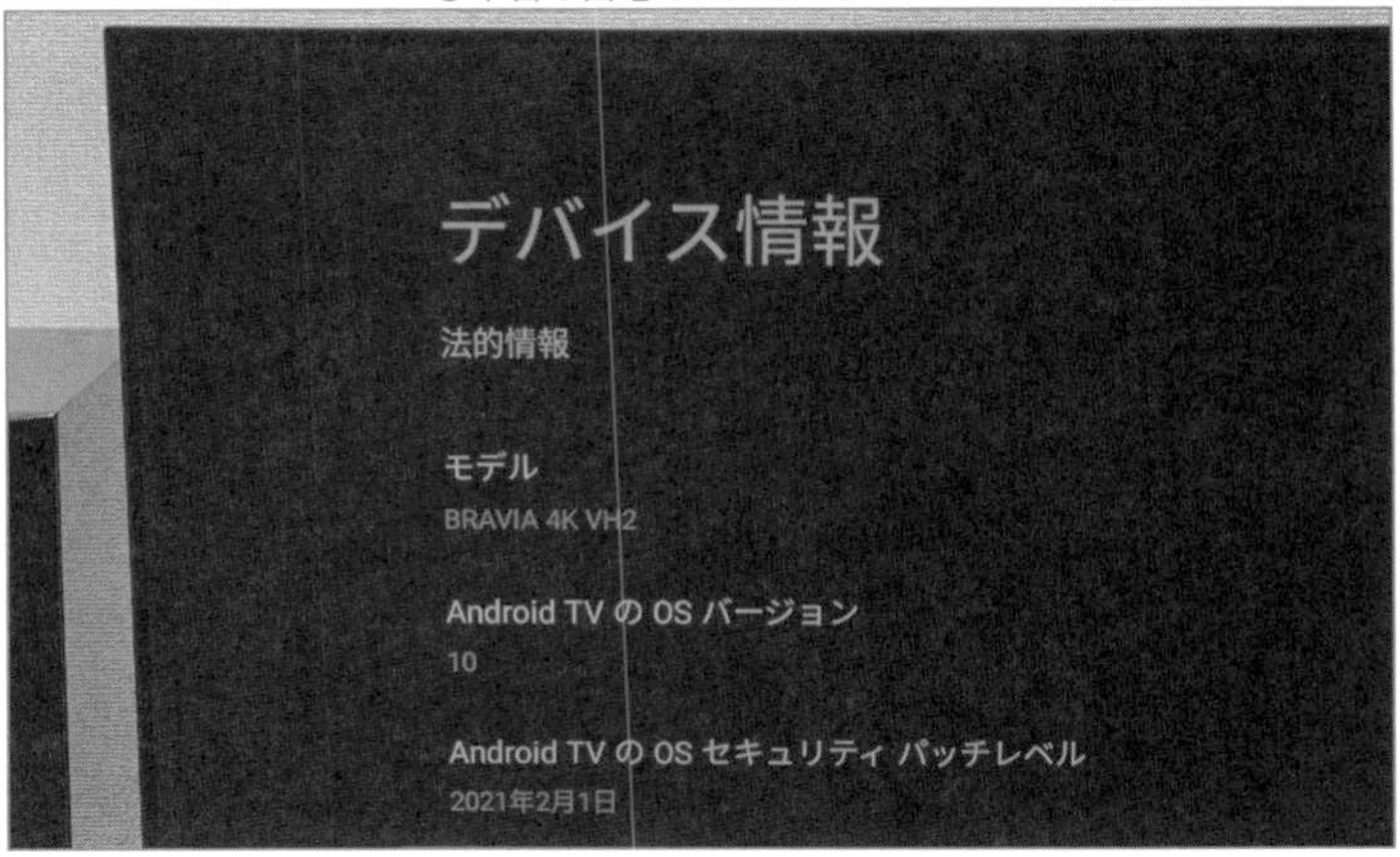

③「端末情報」を選択する
④「法的情報」を選択する
⑤「サードパーティライセンス」を選択する

ライセンスの情報は、さまざまなソフトウェアのライセンス情報をまとめているため、かなり長大なテキストとして表示されます。ただし、Linuxカーネルは Androidの中核なためか、最初の方で表示することができます。

ここでは、Linuxカーネルのオリジナル作者であるLinus Torvaldsのシステムコールを使用する場合のライセンス例外についての注意書きと、Linuxカーネルのライセンスである GPLが表示されています。

◉AndroidはLinuxカーネルを利用しているのでGPLが表示される

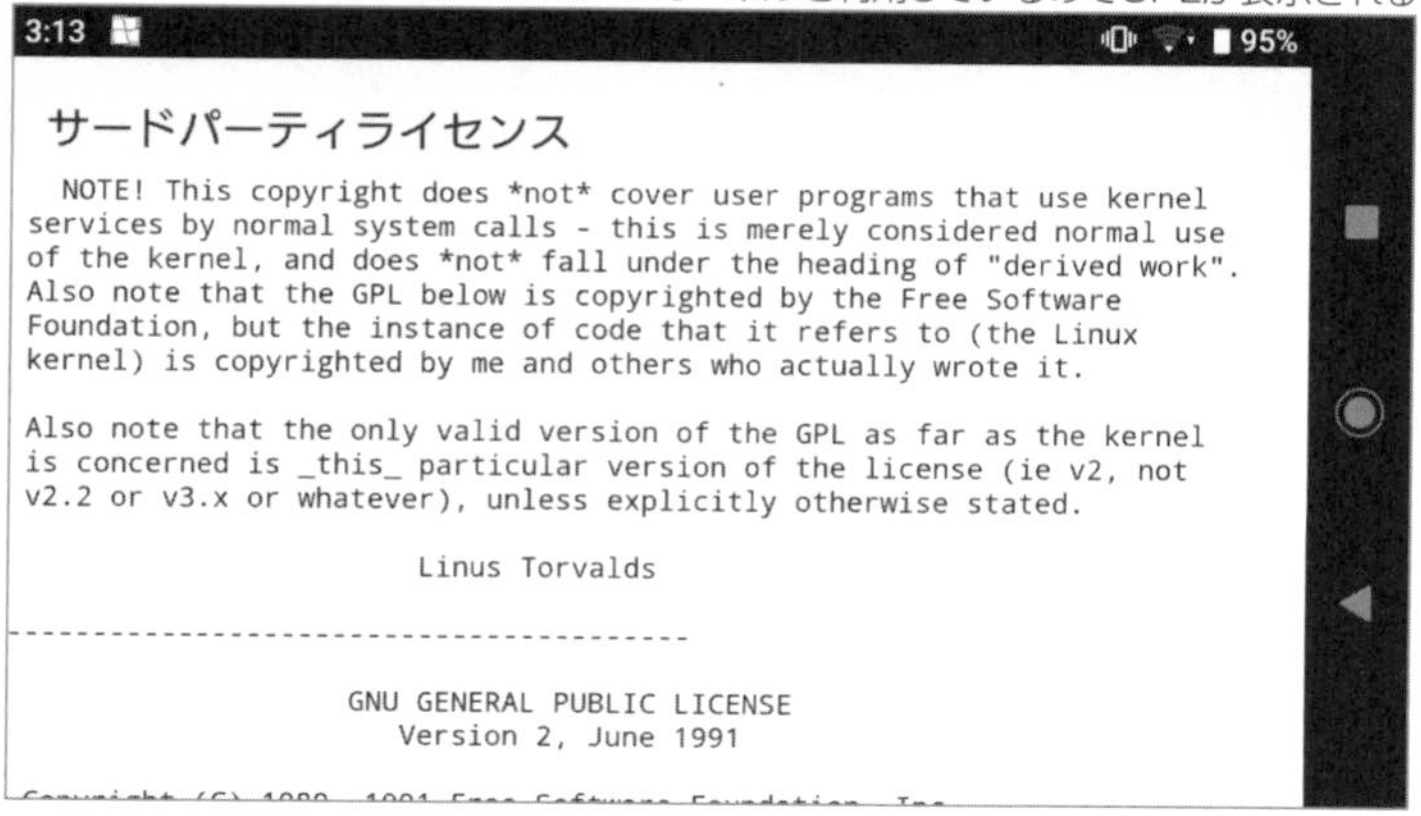
3:13
95%
サードパーティライセンス
NOTE! This copyright does *not* cover user programs that use kernel services by normal system calls - this is merely considered normal use of the kernel, and does *not* fall under the heading of "derived work". Also note that the GPL below is copyrighted by the Free Software Foundation, but the instance of code that it refers to (the Linux kernel) is copyrighted by me and others who actually wrote it.
Also note that the only valid version of the GPL as far as the kernel is concerned is _this_ particular version of the license (ie v2, not v2.2 or v3.x or whatever), unless explicitly otherwise stated.
Linus Torvalds
GNU GENERAL PUBLIC LICENSE
Version 2, June 1991

## iOSでライセンスを確認してみる

iOSでも、内部的に使用されているオープンソースソフトウェアのライセンスが次の手順で確認できます。次の手順はiOS 14での例です。

①「設定」を起動する
②「一般」を選択する
③「法律に基づく情報および認証」を選択する
④「法律に基づく情報」を選択する

iOSの場合も、さまざまなソフトウェアのライセンス情報がまとめて表示されます。ここでは、オープンソースのライセンスの1つであるApache Licenseを表示しています。Apache LicenseでライセンスされたソフトウェアがiOSで複数利用されているのがわかります。

●iOSもさまざまなオープンソースを利用している

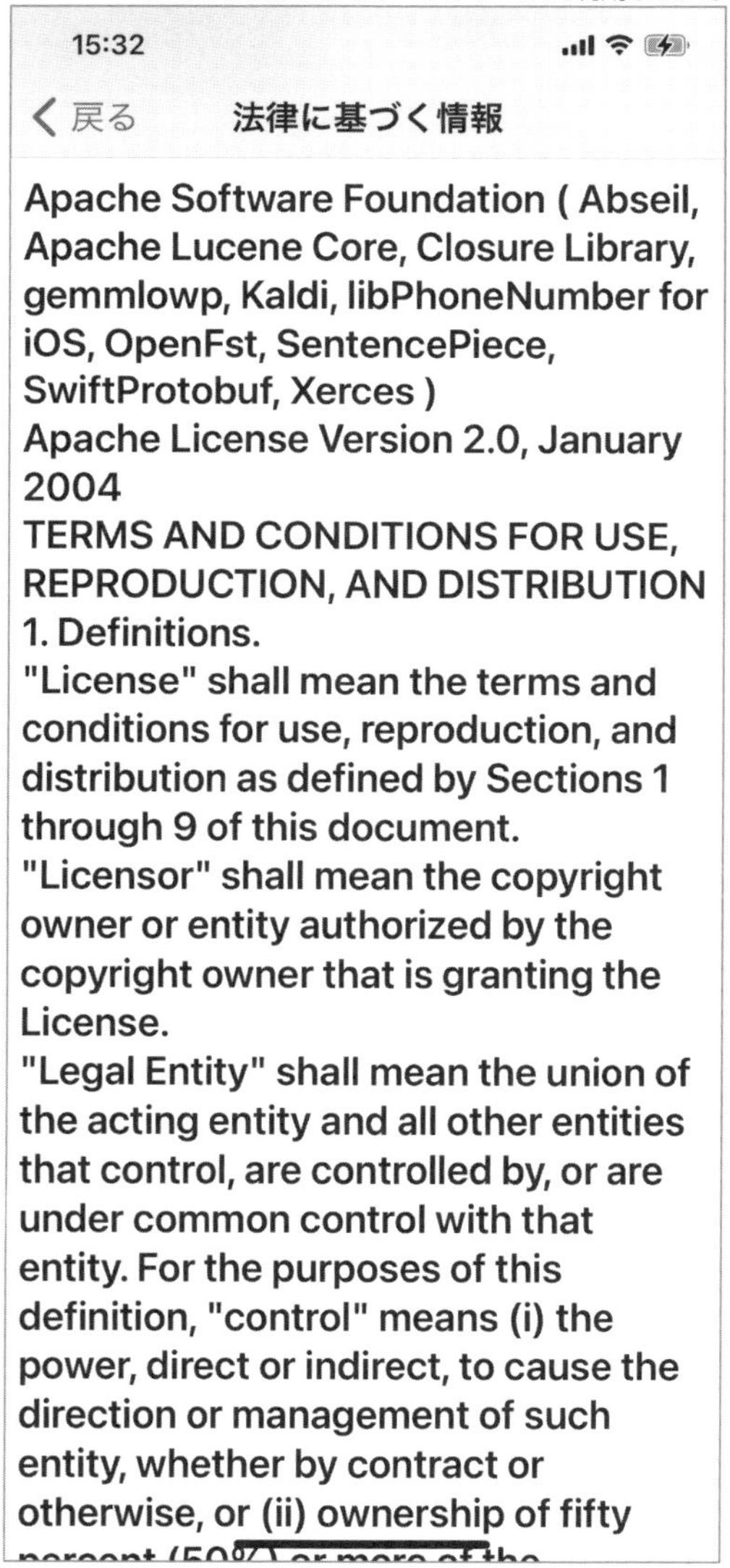
15:32
戻る
法律に基づく情報
Apache Software Foundation ( Abseil, Apache Lucene Core, Closure Library, gemmlowp, Kaldi, libPhoneNumber for iOS, OpenFst, SentencePiece, SwiftProtobuf, Xerces )
Apache License Version 2.0, January 2004
TERMS AND CONDITIONS FOR USE, REPRODUCTION, AND DISTRIBUTION
1. Definitions.
"License" shall mean the terms and conditions for use, reproduction, and distribution as defined by Sections 1 through 9 of this document.
"Licensor" shall mean the copyright owner or entity authorized by the copyright owner that is granting the License.
"Legal Entity" shall mean the union of the acting entity and all other entities that control, are controlled by, or are under common control with that entity. For the purposes of this definition, "control" means (i) the power, direct or indirect, to cause the direction or management of such entity, whether by contract or otherwise, or (ii) ownership of fifty

## そのほかのアプリでもライセンスを確認

AndroidやiOSのようなOSだけでなく、インストールした各種アプリケーションでもライセンスは確認できます。

確認する方法はアプリケーションによって異なりますが、設定画面の中から情報の確認などをするメニュー項目の中に用意されていることが多いようです。

iOS版のSlackでライセンスを表示してみます。

①「環境設定」を選択する
②「概要」を選択する
③「使用しているライブラリー」を選択する

ここでは、使用しているライブラリがMITライセンスであることが確認できます。

このように、スマートフォンのOSやアプリケーションではオープンソースソフトウェアがたくさん使われており、我々も日々知らないうちにその恩恵を受けていることがわかります。

●SlackではMITライセンスのソフトウェアが使われている

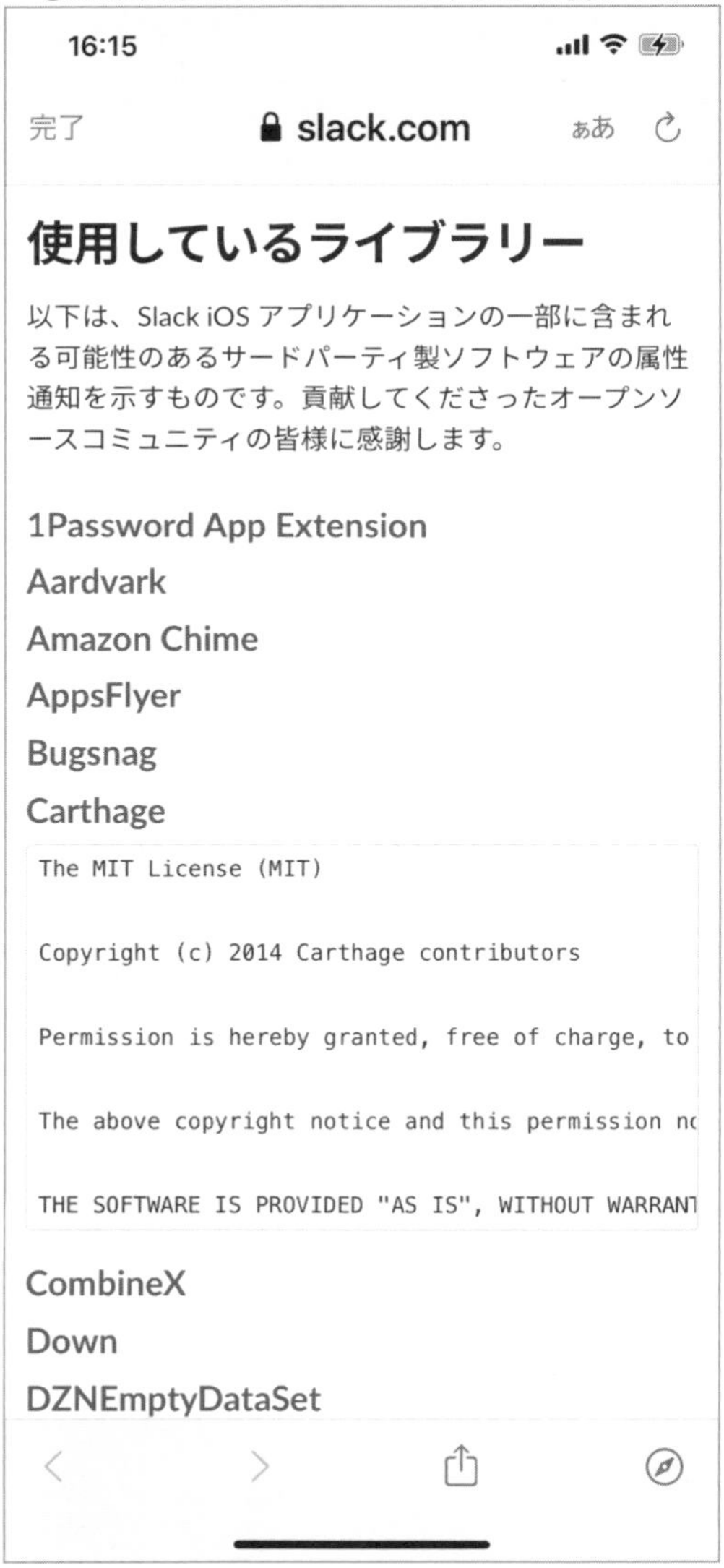
16:15
完了
slack.com
ぁあ
使用しているライブラリー
以下は、Slack iOS アプリケーションの一部に含まれる可能性のあるサードパーティ製ソフトウェアの属性通知を示すものです。貢献してくださったオープンソースコミュニティの皆様に感謝します。
1Password App Extension
Aardvark
Amazon Chime
AppsFlyer
Bugsnag
Carthage
The MIT License (MIT)
Copyright (c) 2014 Carthage contributors
Permission is hereby granted, free of charge, to
The above copyright notice and this permission nc
THE SOFTWARE IS PROVIDED "AS IS", WITHOUT WARRANT
CombineX
Down
DZNEmptyDataSet

# サーバーとネットワークで活用する

スマートフォンだけでなく、スマートフォンが接続する先であるインターネット上のサーバー、あるいは接続経路であるネットワークでもオープンソースソフトウェアがたくさん使われています。

どのようなソフトウェアが、どのような使われ方をしているのか、見ていきましょう。

## Linuxディストリビューション

サーバーやネットワークでオープンソースソフトウェアを活用する場合、Linuxディストリビューションを活用します。ディストリビューションは「配布する」という意味です。

Linuxディストリビューションは、Linuxカーネルとそのほかのさまざまなオープンソースソフトウェアを組み合わせて、コンピュータにインストールして使用できるようにしたものです。そういう意味では、Androidも一種のLinuxディストリビューションといえるでしょう。

Linuxディストリビューションにはさまざまな種類があります。ここではよく使われているものを挙げてみましょう。

## ◆Red Hat Enterprise Linux

Red Hat Enterprise Linuxは、Red Hat社が開発しているLinuxディストリビューションです。主に業務向けのシステムで使われることが多いディストリビューションです。

●Red HatのWebサイト

オープン・ハイブリッドクラウド
サポート
開発者向け
パートナー向け
製品を試用する
Red Hat
製品
ソリューション
トレーニング & サポート
資料
Red Hat とオープンソース
日本語
検索
ログイン
Red Hat Enterprise Linux
Red Hat® Enterprise Linux® は、業界をリードするエンタープライズ Linux プラットフォーム*で、オープンソースのオペレーティングシステム (OS) です。この基盤を使用すると、既存アプリケーションの拡張と先進テクノロジーの展開を、ベアメタル、仮想、コンテナー、およびあらゆる種類のクラウド環境にわたって行うことが可能です。
*「Worldwide Operating Systems and Subsystems Market Shares, 2018」、2019 年 11 月発行
試用する
購入する
Red Hat へのお問い合わせ
Red Hat Enterprise Linux とは?
Red Hat Enterprise Linux は、数百のクラウドと数千のベンダーで認定された、エンタープライズ向け Linux オペレーティングシステムです。Red Hat Enterprise Linux は、複数の環境間で一貫した基盤と、サービスやワークロードを迅速にデリバリーするためのツールを、あらゆるアプリケーションのために提供します。Red Hat Enterprise Linux はデプロイメントの手間とコストを軽減しながら、重要なワークロードの価値実現を迅速化し、開発と運用の両チームがあらゆる環境でともにイノベーションを実現できるようにします。

※https://www.redhat.com/ja/technologies/linux-platforms/enterprise-linux

## ◆Debian/GNU Linux

Debian/GNU Linuxは、フリーソフトウェア運動の根幹であるGNUのソフトウェアを中心に、Linuxカーネルと組み合わせて構成したディストリビューションです。基本的にフリー(自由)なものを組み合わせてディストリビューションを構成するポリシーで開発されています。

## ◆Ubuntu

Ubuntuは、Debian/GNU Linuxをベースに開発されているディストリビューションです。基本的にコミュニティベースで開発されていますが、

●Debia JP ProjectのWebサイト

※https://www.debian.or.jp/

Canonicalという企業が技術サポートの提供や一部の機能の開発を担っています。最近ではＡＩなどの開発でよく使用されています。

### ◆そのほかのディストリビューション

ここまでに挙げたほかにも、さまざまなディストリビューションが開発されています。ディストリビューションは、組み合わせるソフトウェアやその設定でそれぞれ違いがあります。

ディストリビューションは、パッケージという単位でソフトウェアを管理していますが、ほかのディストリビューションで作られたパッケージを流用するもの

●UbuntuのWebサイト

※https://jp.ubuntu.com/

から、独自にパッケージを作っているもの、またパッケージの仕組み自体が異なっていたり、インストール時にソースコードからコンパイルするものなどさまざまです。

また、このパッケージという仕組みは、Linuxディストリビューションに留まらず、WindowsやmacOSといった別のＯＳ上でオープンソースソフトウェアを使うために使われている場合もあります。

ディストリビューションは、その目的などがそれぞれ異なっているので、自分の目的に最適なものを見つけてみてもいいでしょう。

## さまざまなサーバー

オープンソースソフトウェアは、さまざまなサーバー用ソフトウェアが開発されたことで広まったといってもいいかもしれません。ここでは特によく使われているサーバー用ソフトウェアを挙げておきます。

### ◆Ｗｅｂサーバー

LinuxといえばＷｅｂサーバーというぐらい、オープンソースが広まった初期に使われていた組み合わせです。

最もよく使われていたのはApache Webサーバーです。正確には「Apache HTTP Server」ですが、少しわかりにくいので以後はApache Webサーバーと記述します。

もともと、NCSA (National Center for Supercomputing Applications) HTTPdというWebサーバーがインターネットの黎明期に使用されていましたが、引き継ぐ形で開発が進められたのがApacheです。名前の由来は、ソフトウェアに修正を加えることを「Patch」というので、「A Patch」から来ているといわれています。

●Apache HTTP Server ProjectのWebサイト

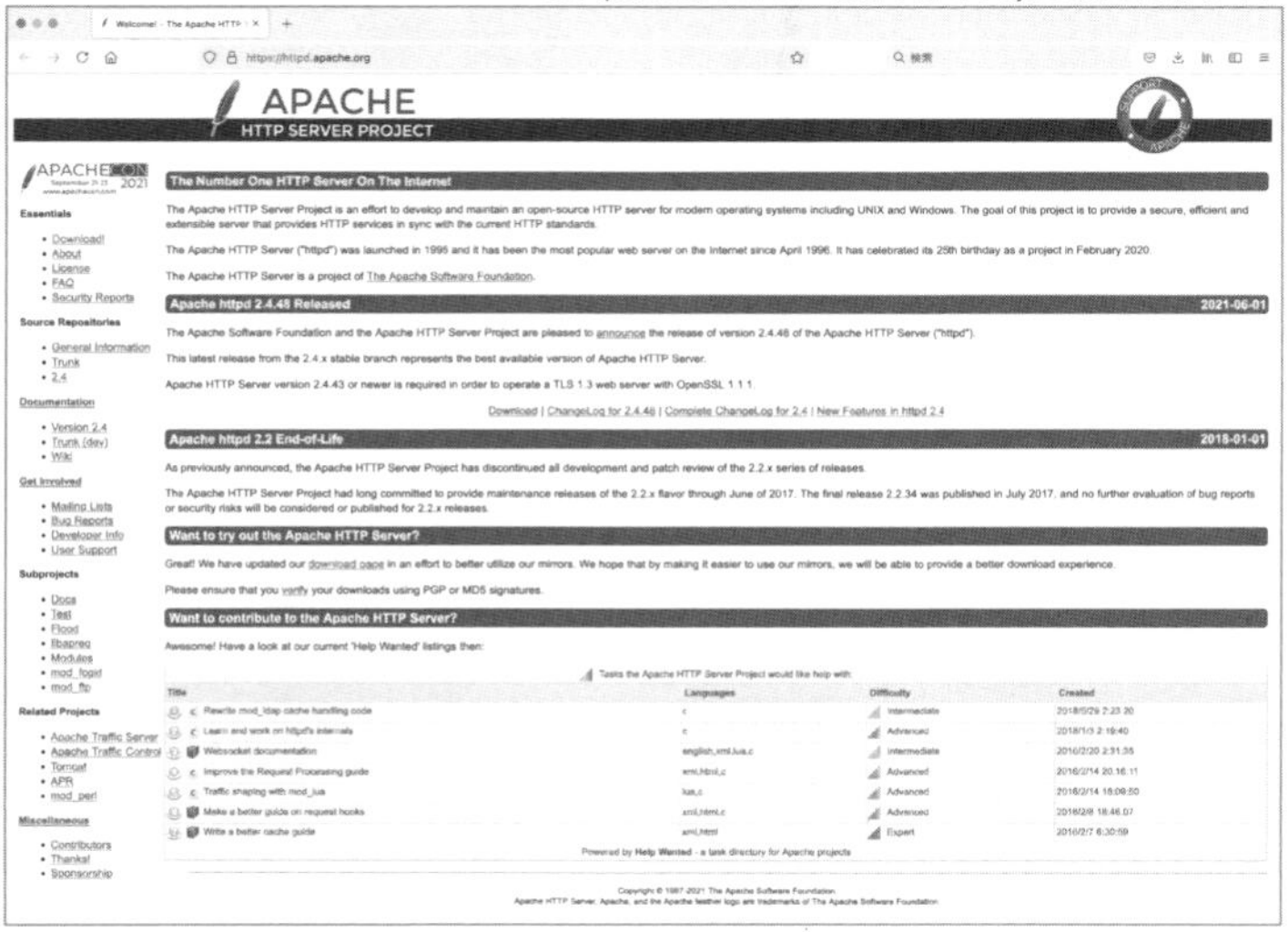
APACHE
HTTP SERVER PROJECT
The Number One HTTP Server On The Internet
Apache httpd 2.4.48 Released
Apache httpd 2.2 End-of-Life
Want to try out the Apache HTTP Server?
Want to contribute to the Apache HTTP Server?

※https://httpd.apache.org/

最近では、NGINX（エンジンエックス）と呼ばれるWebサーバーもよく使われるようになっています。

## ◆メールサーバー

電子メールのやり取りを行うためのサーバーです。Sendmailがよく使われていましたが、現在ではPostfixもよく使われています。これらのソフトウェアをメール転送を行うのでMTA（Mail Transfer Agent）と呼びます。

また、メールを利用者に配布して読ませるMDA（Mail Deliverly Agent）などを組み合わせることでメールサーバーを構成します。

●PostfixのWebサイト

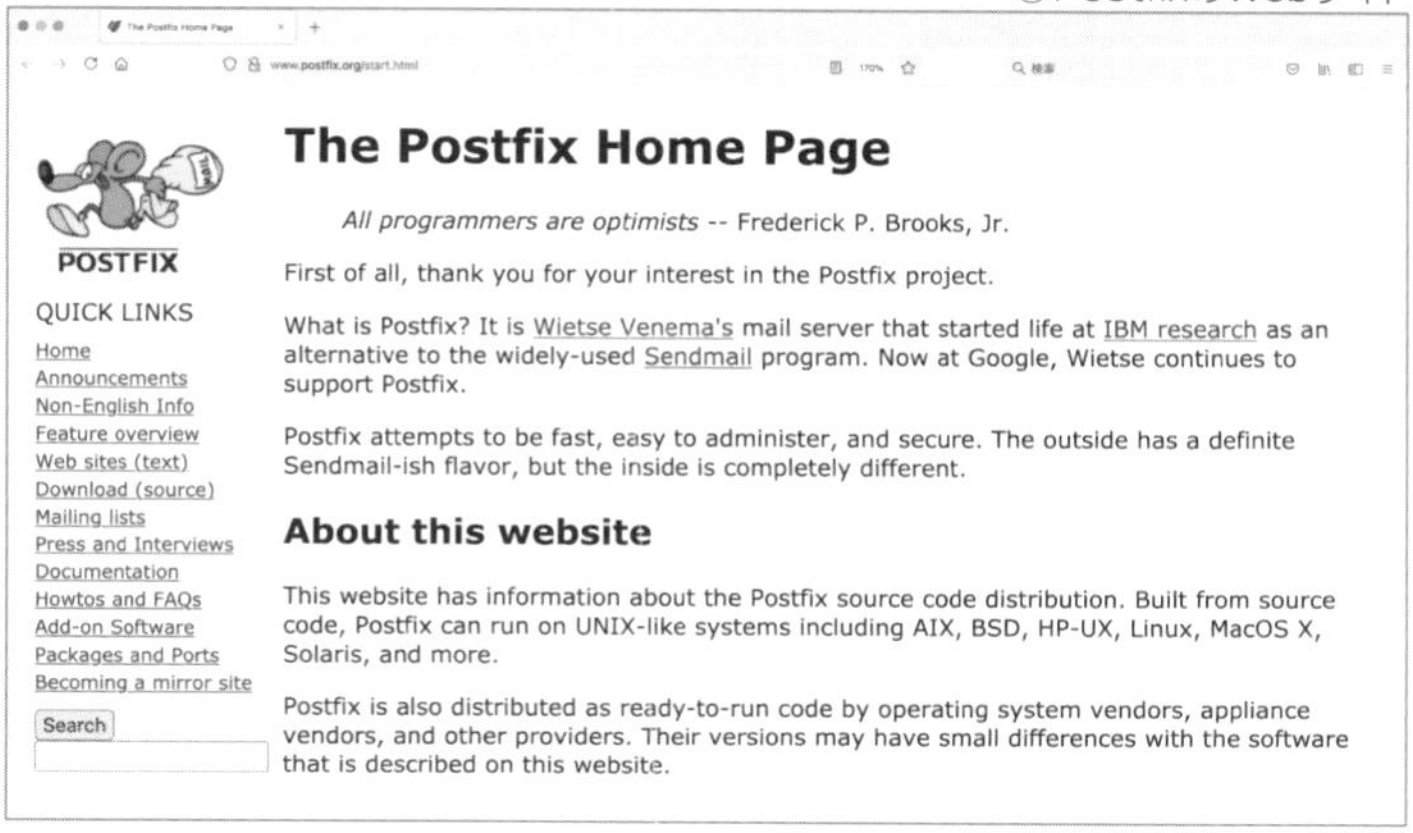
The Postfix Home Page
All programmers are optimists -- Frederick P. Brooks, Jr.
First of all, thank you for your interest in the Postfix project.
What is Postfix? It is Wietse Venema's mail server that started life at IBM research as an alternative to the widely-used Sendmail program. Now at Google, Wietse continues to support Postfix.
Postfix attempts to be fast, easy to administer, and secure. The outside has a definite Sendmail-ish flavor, but the inside is completely different.
About this website
This website has information about the Postfix source code distribution. Built from source code, Postfix can run on UNIX-like systems including AIX, BSD, HP-UX, Linux, MacOS X, Solaris, and more.
Postfix is also distributed as ready-to-run code by operating system vendors, appliance vendors, and other providers. Their versions may have small differences with the software that is described on this website.
POSTFIX
QUICK LINKS
Home
Announcements
Non-English Info
Feature overview
Web sites (text)
Download (source)
Mailing lists
Press and Interviews
Documentation
Howtos and FAQs
Add-on Software
Packages and Ports
Becoming a mirror site
Search

※http://www.postfix.org/

## ファイルサーバー

パソコンなどにネットワーク経由でファイルを共有する機能を提供するのがファイルサーバーです。Windowsに対するファイル共有を行うSambaがよく使われています。

Linux とSambaの組み合わせは、比較的処理能力が低いコンピュータでも動作させることができます。そのため、ネットワークに接続して使うハードディスクや、NAS（Network Attached Storage）と呼ばれるファイル共有専用の機器でも内部的にはLinuxとSambaが動作している場合があります。

●SambaのWebサイト

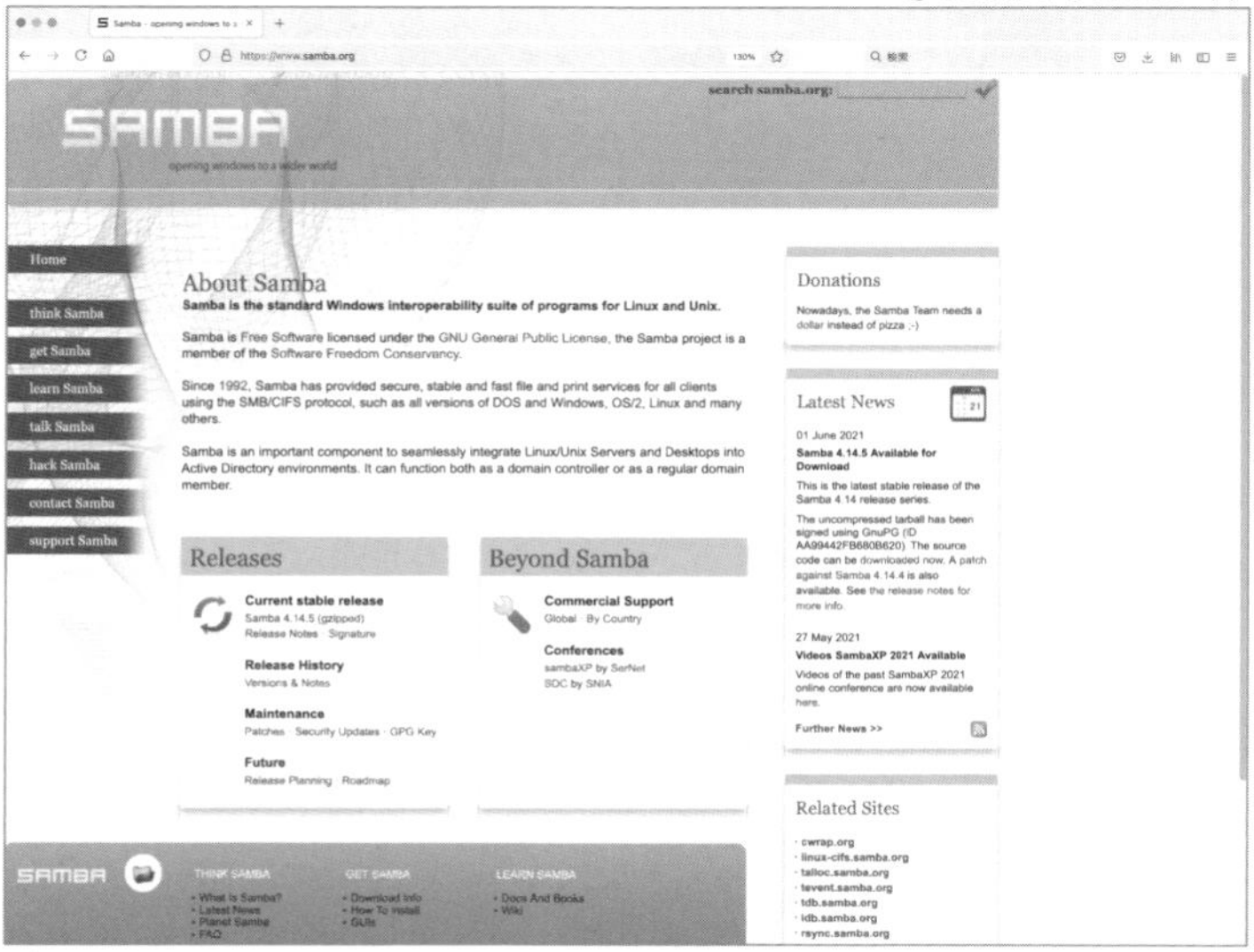

https://www.samba.org
search samba.org:
SAMBA
opening windows to a wider world
Home
think Samba
get Samba
learn Samba
talk Samba
hack Samba
contact Samba
support Samba
About Samba
Samba is the standard Windows interoperability suite of programs for Linux and Unix.
Samba is Free Software licensed under the GNU General Public License, the Samba project is a member of the Software Freedom Conservancy.
Since 1992, Samba has provided secure, stable and fast file and print services for all clients using the SMB/CIFS protocol, such as all versions of DOS and Windows, OS/2, Linux and many others.
Samba is an important component to seamlessly integrate Linux/Unix Servers and Desktops into Active Directory environments. It can function both as a domain controller or as a regular domain member.
Releases
Current stable release
Release History
Maintenance
Future
Beyond Samba
Commercial Support
Conferences
Donations
Nowadays, the Samba Team needs a dollar instead of pizza ;-)
Latest News
01 June 2021
Samba 4.14.5 Available for Download
27 May 2021
Videos SambaXP 2021 Available
Further News >>
Related Sites
cwrap.org
linux-cifs.samba.org
talloc.samba.org
tevent.samba.org
tdb.samba.org
ldb.samba.org
rsync.samba.org

※https://www.samba.org/

# デスクトップで活用する

デスクトップPCやノートPCなど、日常的に使用するコンピュータでも、さまざまなオープンソースソフトウェアが使用可能です。

## Webブラウザ

オープンソースのWebブラウザの代表例はFirefoxです。もともと、Netscape NavigatorというWebブラウザでしたが、1998年にオープンソース化されて、その流れが現在のFirefoxへとつながっています。「オープンソース」という

●FirefoxのWebサイト

https://www.mozilla.org/ja/firefox/browsers/
moz://a
Firefox ブラウザー
製品
Mozilla について
イノベーション
Firefox アカウント を作成
Firefox
ブラウザーとは?
ブラウザー履歴
Android および iOS 用 Firefox が新しくなりました
今すぐダウンロード
ユーザーのプライバシーを常に優先するブラウザーをご利用ください。
プライバシーのあるべき姿を実現。強化型トラッキング防止機能をすべての Firefox に標準装備しています。

※https://www.mozilla.org/ja/firefox/browsers/

言葉を生み出されたのもこのときで、そういう意味でもオープンソースソフトウェアとして重要な成果と位置付けられるでしょう。

## オフィス製品

ワードプロセッサや表計算など、業務で使用するソフトウェアをオフィス製品、あるいはオフィススイート（スイートは一揃いの意味）などと呼びます。オープンソースのオフィス製品としてLibreOfficeが挙げられます。LibreOfficeはワープロ、表計算、プレゼンテーションなど、一般的な業務で使用するソフ

●LibreOfficeのWebサイト

※https://ja.libreoffice.org/

トウェアがすべてオープンソースソフトウェアとして開発、提供されています。

もう1つ注目すべきは、保存方式がOpenDocument Format(ODF)と呼ばれる、さまざまなツールの間で文書を交換できるようにするオープンな形式になっている点です。ODFは、たとえばマイクロソフトオフィスでもサポートされており、相互にデータのやり取りが行えるようになっています。

## グラフィックス

少し毛色が異なるソフトウェアとして、グラフィックスソフトの例も見てみましょう。GIMP(GNU Image Manipulation Program)は、名前にGNUと入っている通り、オープンソースのグラフィックスソフトです。

業務で使用されるグラフィックスソフトとしてはAdobe Photoshopが有名ですが、GIMPもさまざまな機能をサポートしており人気があります。

●GIMPのWebサイト

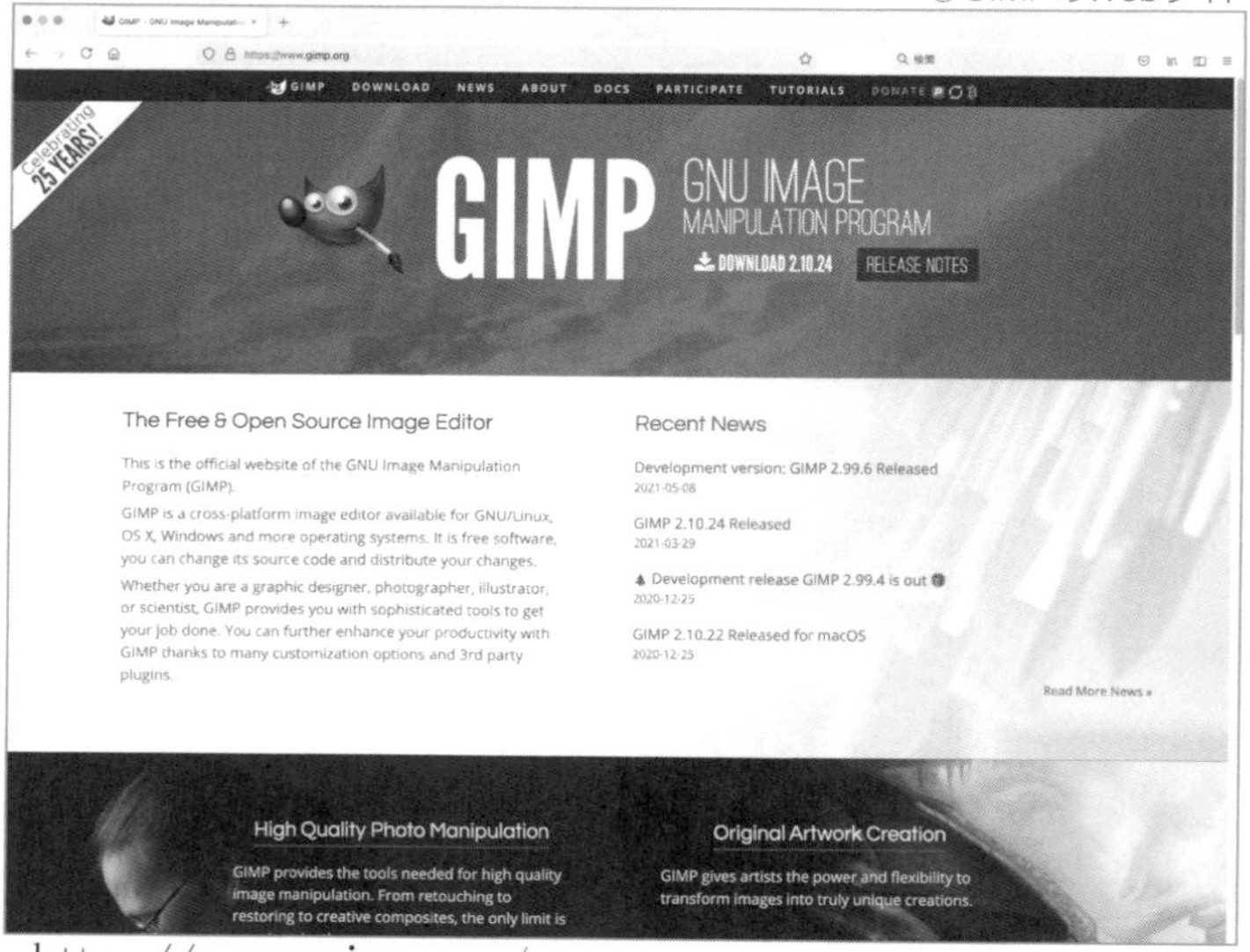
GIMP DOWNLOAD NEWS ABOUT DOCS PARTICIPATE TUTORIALS DONATE
Celebrating 25 YEARS!
GIMP
GNU IMAGE
MANIPULATION PROGRAM
DOWNLOAD 2.10.24
RELEASE NOTES
The Free & Open Source Image Editor
This is the official website of the GNU Image Manipulation Program (GIMP).
GIMP is a cross-platform image editor available for GNU/Linux, OS X, Windows and more operating systems. It is free software, you can change its source code and distribute your changes.
Whether you are a graphic designer, photographer, illustrator, or scientist, GIMP provides you with sophisticated tools to get your job done. You can further enhance your productivity with GIMP thanks to many customization options and 3rd party plugins.
Recent News
Development version: GIMP 2.99.6 Released
2021-05-08
GIMP 2.10.24 Released
2021-03-29
Development release GIMP 2.99.4 is out
2020-12-25
GIMP 2.10.22 Released for macOS
2020-12-25
Read More News »
High Quality Photo Manipulation
GIMP provides the tools needed for high quality image manipulation. From retouching to restoring to creative composites, the only limit is
Original Artwork Creation
GIMP gives artists the power and flexibility to transform images into truly unique creations.

※https://www.gimp.org/

# IoTやAIでオープンソース

IoT(Internet of Things)は、「モノのインターネット」と訳される通り、さまざまなモノをインターネットに接続して、遠隔から操作したり、さまざまなデータを取得するなど、ネットワークの新しい活用方法として注目されています。

ＡＩも、画像データなどを解析することで、たとえば顔認識で誰なのかを識別したり、モノの数を数える、製造した物品の欠陥をチェックするなど、社会のさまざまなところで使われ始めています。

## IoTとオープンソース

IoTでは、モノにコンピュータを組み込むことでさまざまな処理を行わせます。この組み込みコンピュータには、ＰＣとは異なるＣＰＵが使われています。

よく使われているのが、ＡＲＭと呼ばれるアーキテクチャのＣＰＵです。アーキテクチャは「設計」などの意味で、ＣＰＵの種類を差しています。ＰＣで使用されているCPUはIA(Intel Architecture)アーキテクチャですが、性能が高い反面、消費電力が高い、製造コストが高いなどのデメリットもあります。一方、ARMアーキテクチャは消費電力が抑えられていたり、製造コストが低いなどのメリットがあり、スマートフォンなどでも数多く使用されています。

スマートフォンのOSであるAndroidはLinuxカーネルを採用していると説明しましたが、IoTでも同様にARMプロセッサ上でLinuxカーネルを動作させているものが多くあります。オープンソースのメリットであるソースコードを自由に改変できるので、ARMプロセッサ上

●Arm社のWebサイト

※https://www.arm.com/ja/products/silicon-ip-cpu

で動作するように改造(移植)されているのはもちろん、目的に応じたコンパクトなLinuxカーネルを作ることもできるので、メモリなどが少ない組み込みコンピュータと相性が良いこともメリットでしょう。

今後、我々の身の回りにあるさまざまなモノが、オープンソースソフトウェアで動いているということが当たり前になるでしょう。

## AIとオープンソース

現在のＡＩでよく使われているのが、機械学習(Machine Learning)や深層学習(Deep Learning)と呼ばれる手法です。たとえば画像認識であれば、あらかじめ、たくさんの学習用画像データを読み込ませて学習させ、その学習結果に沿って与えられた画像がどんなものかを認識させます。

このようなＡＩ処理を行うためのプログラムも、オープンソースソフトウェアとして開発、提供されています。ＡＩを利用したい開発者は、それらのソフトウェア(ライブラリ)を使うことで、とても簡単に開発が行えるようになったことが、ＡＩが大きく注目され、利用が増えていっている理由の1つといえるでしょう。

ＡＩのためのソフトウェアがオープンソースで提供されていることで、さまざまな新しい機能が追加されます。また、より性能の良い、機能が豊富なソフトウェアが競合として現れて競争することでお互いがさらに進化するという、よい循環が生まれています。このような流れも、オープンソースが目指した自由がもたらすものでしょう。

# 第3章 オープンソースとコミュニティ

オープンソースソフトウェアは、「コミュニティ」と呼ばれる集まりが開発などを行っています。コミュニティにはさまざまな形や運営方法があります。

本章では、一般的なコミュニティの特徴を解説します。

# コミュニティとは

コミュニティとは「共同体」という意味です。ある目的を持った人たち、あるいは同じ地域に住んでいる人たちなどが集まってコミュニティを形成します。オープンソースの場合、あるソフトウェアを共同で開発したり、情報共有、技術サポートなどを行う集まりがコミュニティといえます。

また、特定のソフトウェアによらず、技術的な分野、職種で集まるコミュニティや、各地域でオープンソースに興味のある人が集まる地域コミュニティなども存在します。

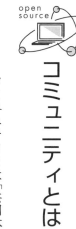

# コミュニティはどのようにできるのか

コミュニティはどのようにしてできるのでしょうか。たとえばLinuxカーネルは、当初はLinus Torvalds氏が1人で開発して、インターネットでソースコードを公開しました。新しい可能性を感じ、面白そうだと思った開発者たちが少しずつ開発に協力するようになり、Linuxカーネルの開発が進むと共にコミュニティも形成されていきました。

このように、当初は1人または少人数で始まった開発プロジェクトに少しずつ参加する人が増えていく、というのがコミュニティの一般的な形成プロセスです。

# コミュニティの種類と活動

コミュニティは、その目的や構成メンバーによってさまざまな種類に分類できます。大きなコミュニティの場合、いくつかの種類のコミュニティが組み合わさって成り立っている場合もあります。

ここでは典型的なコミュニティの種類を挙げてみます。

## 開発コミュニティ

文字通り、オープンソースソフトウェアの開発を行うコミュニティです。ソースコードを共有し、新機能を開発したり、問題点の修正を行っていきます。

ソースコードの変更に対して権限を持っている人を特に「コミッター」と呼ぶことがあります。コミットとは「確定する」という意味です。

## ユーザーコミュニティ

オープンソースソフトウェアを利用し、そのために必要となる情報を交換する人たちの集まりです。以前からのコミュニティでは、電子メールでのやり取りを行うメーリングリストで情報交換をするのが一般的でしたが、最近ではＷｅｂの掲示板やSlackやDiscordのようなメッセージ交換ツールを使ってやり取りをするコミュニティもあるようです。

また、活動はオンラインだけではなく、集まっての勉強会や、より大きな規模でセミナーやカンファレンスなどを開催する活動が活発なコミュニティもあります。

## 地域コミュニティ

東京以外の地域では、特定のソフトウェアに特化したコミュニティを作ろうとしても、なかなか人数が集まらない、という課題があります。そこで、同じ地域でオープンソースに興味を持つ人たちが集まってコミュニティを作る地域コミュニティがあります。

地域コミュニティでは特定のソフトウェアに絞り込まない分、興味範囲は多岐にわたります。また、地域に密着している分、オープンデータやシビックテックなど地域との関わりが重視される活動との親和性が高いのも特徴でしょう。

# オープンソースカンファレンスとOSPN

日本には、さまざまなオープンソースのコミュニティがあります。すべてを紹介するのは難しいので、全国各地で開催されているコミュニティが集まるイベント「オープンソースカンファレンス」（ＯＳＣ）と、それを支える「ＯＳＰＮ」（Open Source People Network）を紹介します。

## OSCはオープンソースの文化祭

「オープンソースカンファレンス」（ＯＳＣ）は、２００４年に開始された、日本で最大規模のオープンソースに関するカンファレンス（会議）です。オープンソースコミュニティだけでなく、オープンソースに関するビジネスを行っている企業などが集まり、セミナーやブース展示などを行うイベントです。

「オープンソースの文化祭」とうたっているように、各参加団体が日頃の活動の成果を発表する場となっていて、多くのオープンソース関係者が集まります。

## OSCと地域コミュニティとの連携

OSCの特徴の1つとして、東京以外に北海道から沖縄まで全国各地で開催され、地域コミュニティの一大イベントになっている点が挙げられます。

実はOSCは筆者が発起人となって始めたイベントですが、当初からオープンソースコミュニティと企業が相互に集まるイベントとしてだけでなく、東京以外の地域コミュニティのお祭りにしたいと考え、2年目には北海道と沖縄で開催しました。その後、各地域コミュニティで活動し

◉オープンソースカンファレンスのWebサイト

OSPN.jp - We are Open !
過去の開催一覧
OSPN.jp（YouTube）
出展のご案内
OSCサポーター
OSPN Press
OSPNイベント支援サービス
よくある質問
オープンソースの「今」を伝える
オープンソースカンファレンス
オープンソースカンファレンスとは
オープンソースカンファレンス（OSC）は、オープンソースの今を伝えるイベントです。
東京だけでなく、北は北海道、南は沖縄まで、年間を通じて全国各地で開催しています。
オープンソース関連のコミュニティや協賛企業・後援団体による、セミナーやプロダクトの展示などを入場・参加料が無料でご覧いただけるイベントです。
過去の開催/開催レポートはこちらから
※現在はオンラインでの開催を行なっております。

※https://www.ospn.jp/

ている人たちの協力を得て、現在では毎月の様に全国各地で開催されるようになりました。

ソフトウェア別のコミュニティが縦糸だとしたら、OSCはコミュニティ間や地域間をつなげる横糸だといえるでしょう。

## オンラインイベントと地域性

２０２０年からはオンラインでの開催となりましたが、地域コミュニティのメンバーが主導して独自の企画を行うことで地域開催制は維持されています。オンラインになることで地域は関係なくなる、という意見もありますが、あくまで主体は「人」なので、地域性を持ったオンラインイベントは今後も重要になりそうです。

●オンライン開催されたセミナーはYouTubeチャンネルで公開している

※https://www.youtube.com/c/OSPNjp

## OSPNはコミュニティのコミュニティ

OSPN(Open Source People Network)は、OSCを主催している組織です。組織といっても、OSCに参加しているコミュニティや企業が集まったゆるやかでバーチャルな組織です。

OSPNではOSCに参加したコミュニティをまとめていますが、これまでに約300近くのコミュニティが参加しています。もちろん、目的を達成して活動を終えたコミュニティもありますが、一方で新しく開発されたオープンソースの新しいコミュニティが次々と生まれています。

どんなコミュニティがあるのかは、「OSS Community Dictionary」を見てみてください。

◉OSS Community Dictionary

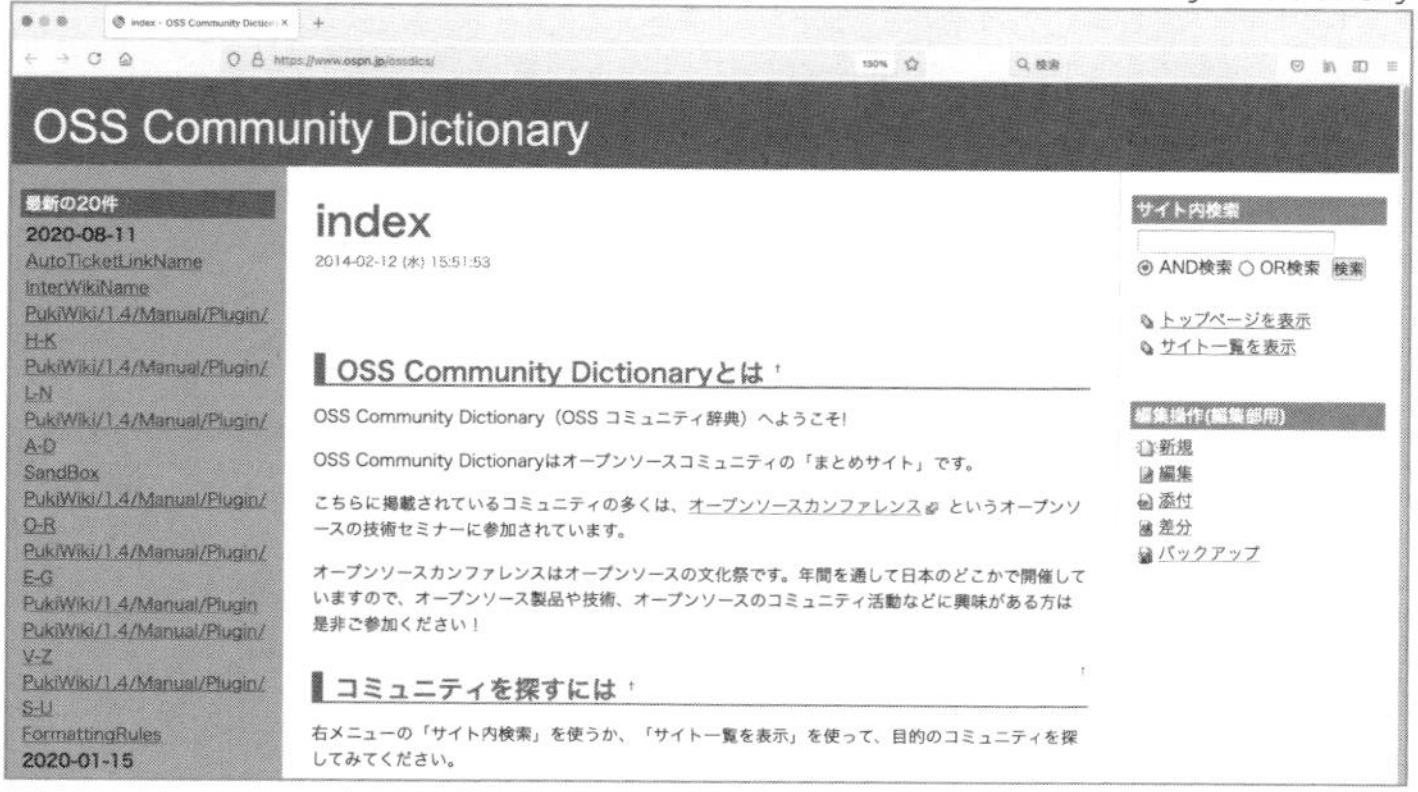

https://www.ospn.jp/ossdics/
OSS Community Dictionary
最新の20件
2020-08-11
AutoTicketLinkName
InterWikiName
PukiWiki/1.4/Manual/Plugin/H-K
PukiWiki/1.4/Manual/Plugin/L-N
PukiWiki/1.4/Manual/Plugin/A-D
SandBox
PukiWiki/1.4/Manual/Plugin/O-R
PukiWiki/1.4/Manual/Plugin/E-G
PukiWiki/1.4/Manual/Plugin
PukiWiki/1.4/Manual/Plugin/V-Z
PukiWiki/1.4/Manual/Plugin/S-U
FormattingRules
2020-01-15
index
2014-02-12 (水) 15:51:53
OSS Community Dictionaryとは
OSS Community Dictionary（OSS コミュニティ辞典）へようこそ!
OSS Community Dictionaryはオープンソースコミュニティの「まとめサイト」です。
こちらに掲載されているコミュニティの多くは、オープンソースカンファレンス というオープンソースの技術セミナーに参加されています。
オープンソースカンファレンスはオープンソースの文化祭です。年間を通して日本のどこかで開催していますので、オープンソース製品や技術、オープンソースのコミュニティ活動などに興味がある方は是非ご参加ください！
コミュニティを探すには
右メニューの「サイト内検索」を使うか、「サイト一覧を表示」を使って、目的のコミュニティを探してみてください。
サイト内検索
AND検索 OR検索 検索
トップページを表示
サイト一覧を表示
編集操作(編集部用)
新規
編集
添付
差分
バックアップ

※https://www.ospn.jp/ossdics/

# 第4章
# オープンソース開発に参加してみる

オープンソースソフトウェアの開発には、基本的に誰でも参加することができます。ただし、開発コミュニティにも一定のルールがあり、またやるべきこと、やって欲しいことなどはある程度、定まっています。

本章では、オープンソース開発がどのように行われているのかを解説します。

# オープンソース開発に参加するための心構え

オープンソースソフトウェアの開発は主に開発コミュニティとして運営されているため、誰でも参加できます。しかし、ただ技術力があればいいというわけではなく、また、参加条件が明確になっていないところに難しさがあります。

それでも、オープンソース開発に参加している人の大まかな傾向はありますので、ここではそれらを少しまとめてみます。もちろん、これらの素養がすべて要求されるわけではありません。できることから少しずつ、というのがオープンソース開発に関わる一番大事なポイントでしょう。

## ボランティア精神

日本でボランティアというと「無償で働く人」というイメージが強いですが、ここでは「自発的な」という意味です。技術的に面白そうだから、などの個人的な動機で開発コミュニティに参加する人が多いようです。

### コミュニティ全体に対する貢献

自分が欲しい機能を開発したい、というのも参加する大きな動機ですが、同時にバグの修正など品質を高めていくための地道な開発も要求されます。地道な活動によってコミュニティ全体に貢献する気持ちがあることも重要なポイントです。

### 技術力や開発力はそれなりに必要

一部のオープンソースソフトウェアは、その用途においてデファクトスタンダード(事実上の標準)であったり、リファレンス(技術的に参考とされる)実装であったりすることも多くあります。当然、そのソフトウェアに関係している技術についての理解は必要となります。

また、単に動けばいいというわけではなく、自分以外の人がソースコードを読んだり修正したりする可能性も考慮してプログラミングを行う必要があります。ソースコードの書き方の規約などがある場合には、それに従う必要もあります。

技術力や開発力は要求されますが、逆にオープンソース開発に参加している人は一定の技術力があるとみなされるわけです。

# 開発コミュニティへの参加方法

開発コミュニティに参加するにはどうしたらよいでしょうか。開発コミュニティによってそれぞれ異なっていることが多いのですが、よくあるパターンをいくつか挙げてみます。

## メーリングリストやSlackなどへの参加

オープンソース開発は、開発者がそれぞれ別々に開発を行う「分散開発」が基本となるので、コミュニケーションの場に入ってやり取りを行うことが必要となります。

以前はコミュニケーション手段は電子メールが一般的でしたから、メーリングリストに登録してやり取りされているメールを受信するところから始めるものでした。最近ではSlackやDiscordなどのメッセージツールを使うことも増えてきているようです。

### 公式な情報源のチェック

新バージョンのリリースなど公式なアナウンスが行われるWebサイト、ブログ、Twitterのアカウントなどは一通りチェックしておく必要があります。

開発に直接、携わらない場合でも、よく使用する重要なオープンソースソフトウェアの場合には、公式の情報源はチェックしておきましょう。

●Linuxカーネルの情報はkernel.orgのWebサイトに集まっている

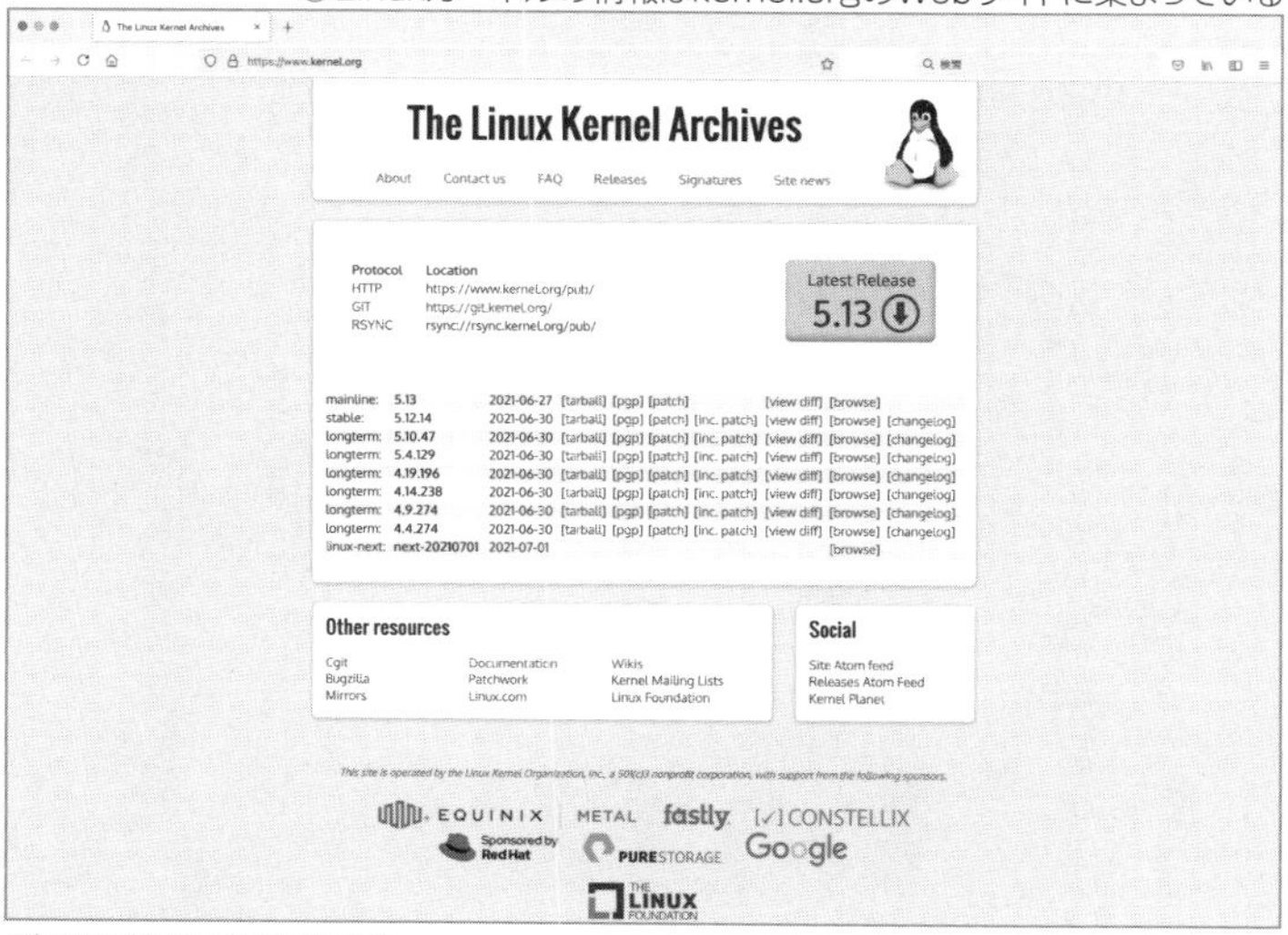


※https://www.kernel.org/

# ソースコードに触れる

開発に参加するには、まず実際にソースコードに触れてみる必要があります。

## リポジトリの確認（GitHubなど）

そのソフトウェアのソースコードがどこに公開されているのかを確認し、アクセスしてみます。独自にソースコードを管理、公開しているほか、GitHub上で管理しているケースや、ミラーして扱いやすくしてるような場合もあります。

ここでは仮にGitHubで管理、公開されていることを前提に説明を進めます。また、実際の開発の流れは開発コミュニティによってかなり異なっているので、以降の説明はあくまで例として捉えておいてください。

たとえばLinuxカーネルの場合、gitを使っていますが、リポジトリはGitHub上ではなく独自のサイトが用意されていますし、パッチなどのやり取りはLinux Kernel Mailing Listで行われています。

●Linuxカーネルのリポジトリインデックス

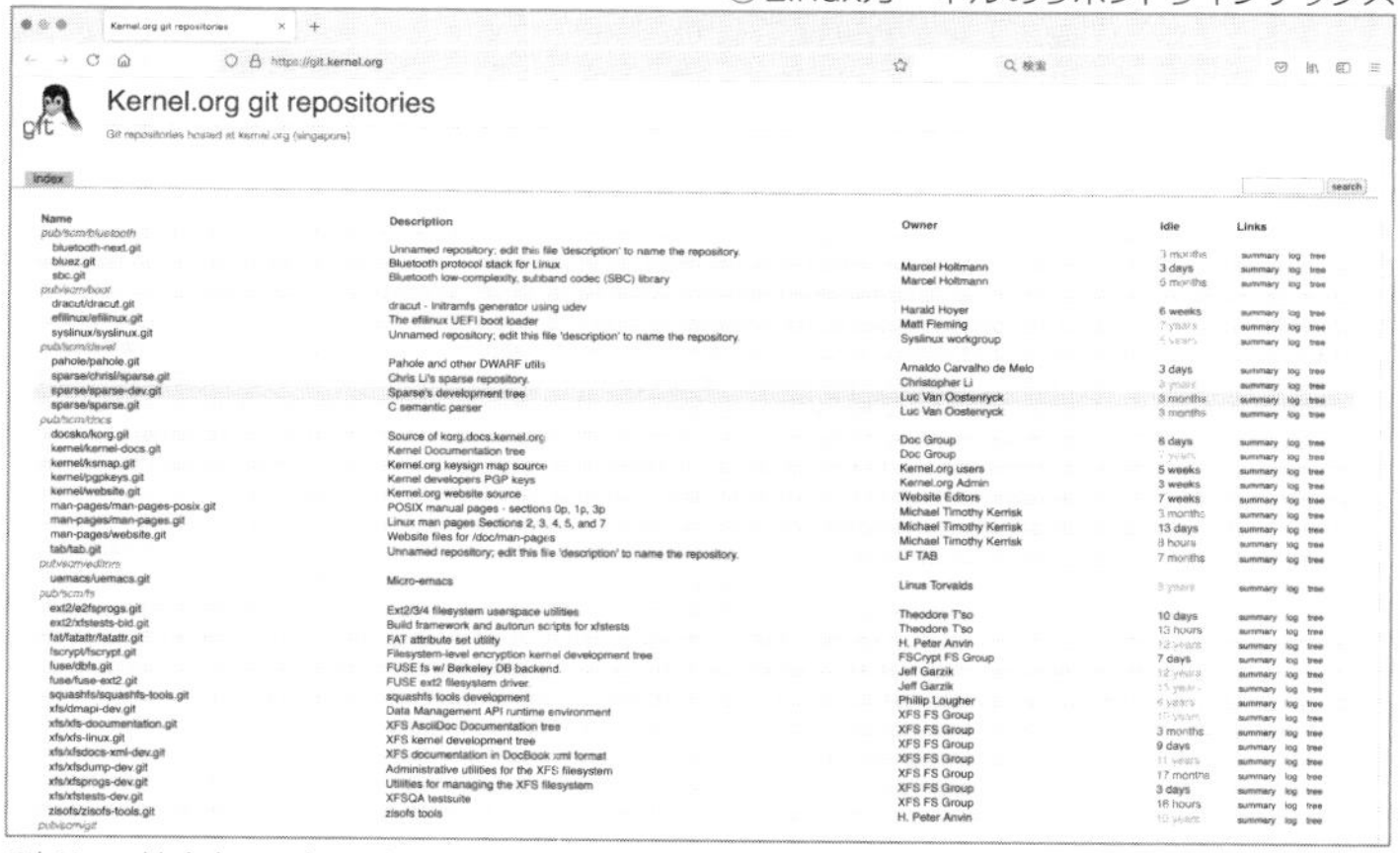


※https://git.kernel.org/

●Linuxカーネルのリポジトリ

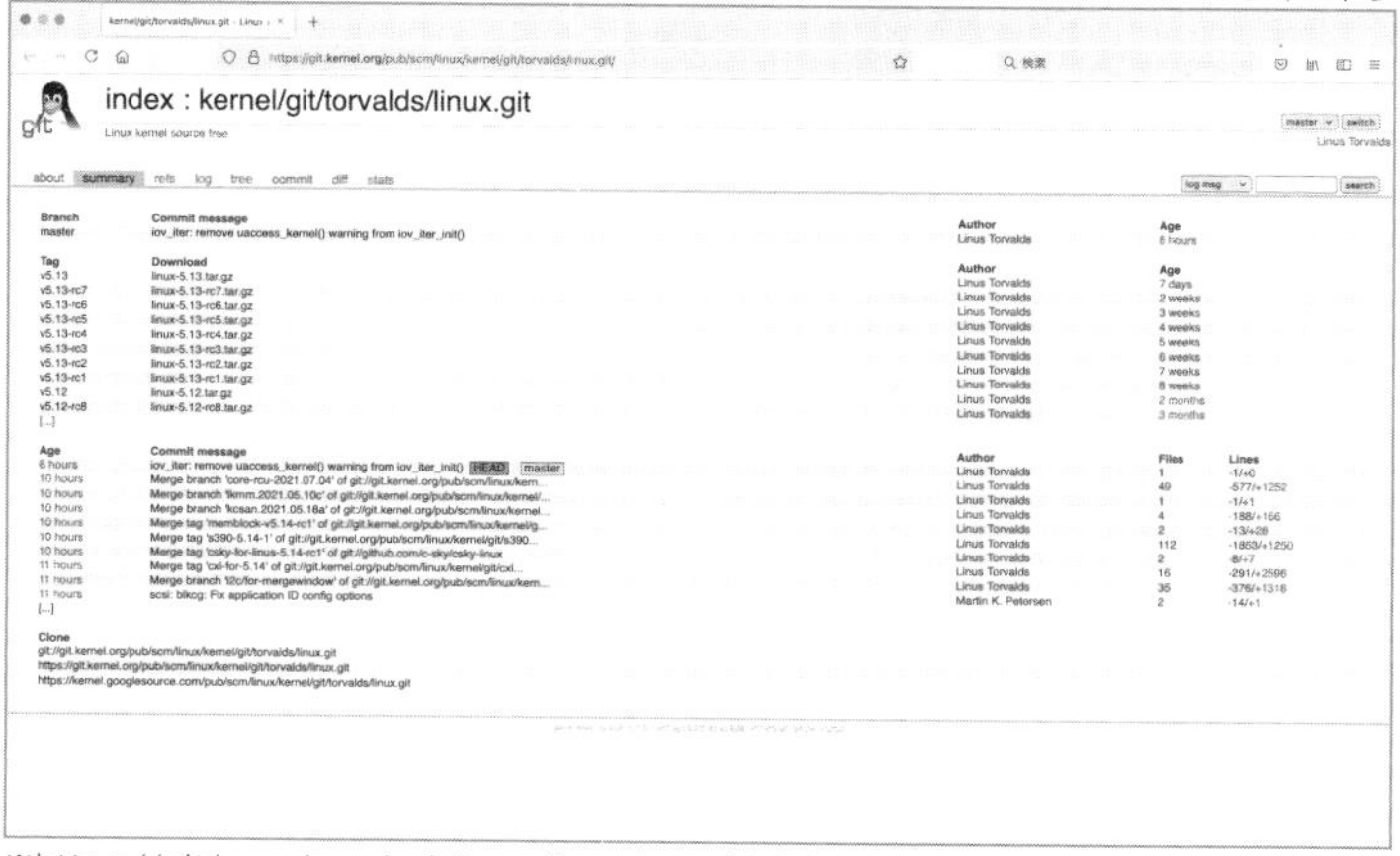


※https://git.kernel.org/pub/scm/linux/kernel/git/torvalds/linux.git/

## フォークする

公開されているソースコードを直接、編集することはできませんので、リポジトリをフォークして、自分用のリポジトリを作成します。フォークすることで、自分のアカウント内で自由にソースコードを修正することができるようになります。

実際には、フォークはリモートリポジトリで行われているので、フォークしたリポジトリをクローンしてローカルリポジトリを作成したり、ブランチを作成してソースコードの修正を行ったりすることになります。

●GitHub上のLinuxカーネルのリポジトリ

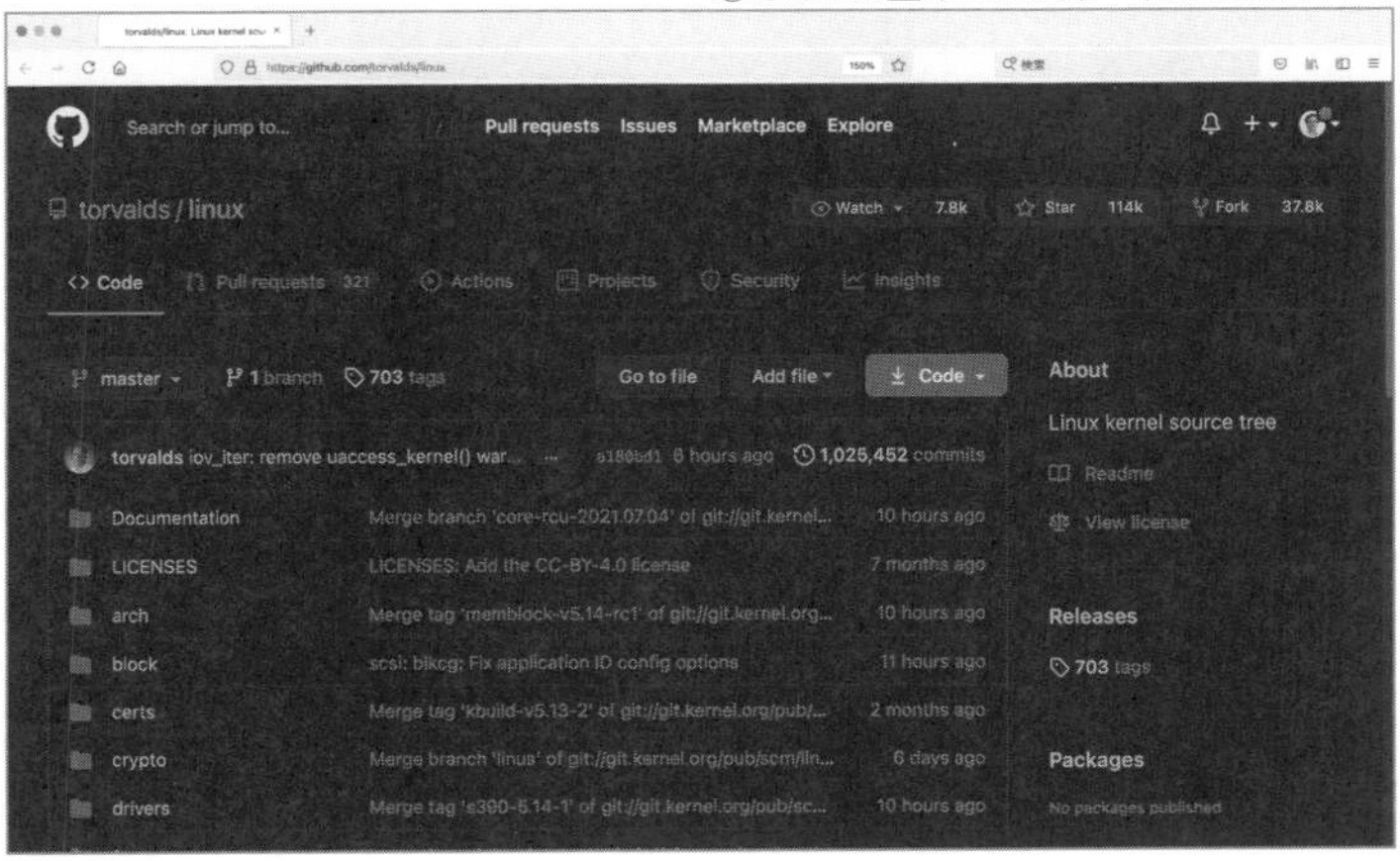


※https://github.com/torvalds/linux

## バグ報告（イシュー作成）

オープンソース開発で最もわかりやすい作業は、バグの報告でしょう。バグを発見したら、現象を報告するとともに、場合によってはバグのあるソースコードの該当箇所も報告することもあります。

GitHubの場合、イシューを作成することになります。

## パッチ提供

バグ修正の場合、バグ報告やイシューに基づいてパッチを作成します。コード規約に従ってコーディングする、決められたテストを行うなど、ルールがある場合にはそれに従ってパッチを作成する必要があります。

自分のリポジトリで修正を加えた後、プルリクエスト（通称プルリク）を作成します。プルリクエストが認められると、パッチとして修正した差分が大もとのソースコードに適用（マージ）されることになります。

## 新規機能の追加

バグ修正に比べると、新規機能の追加は難易度が上がります。どのような機能を実装するのか提案を行い、開発コミュニティの中で承認される必要があるためです。

新規機能の追加についての取り決めは開発コミュニティによって大きく異なるので一概にはいえませんが、次期バージョンのための新規機能追加の提案を受け付ける期間を設けたり、開発者会議を開いて意思決定を行うなどの方法が多いようです。

また、メインのソースコードに大きく手を入れなくても新規機能を追加できるよう、モジュール化やＡＰＩ連携などで拡張性を確保している場合もあります。このようなアーキテクチャのソフトウェアの場合には、最初は独自の外部機能として開発を行い、利用者が増えるなど有用性が認められると公式の機能として取り込まれるという流れが一般的です。

# コミッターになる

開発コミュニティの中でも、特に開発への貢献が多い人や、特定の機能に精通している人は、コミッターとしてメインのソースコードへの修正権限が与えられる場合があります。コミッターになるには、ほかのコミッターからの推薦や、投票で選ばれるなど、開発コミュニティの運営方法によってそれぞれ異なります。

コミッターになると、プルリクエストを確認して必要に応じてマージを行ったり、開発についての議論に参加するなど、責務も多くなり大変ですが、一目置かれる存在になることは間違いないでしょう。

# ソースコード以外の開発への参加

ここまで、主にソースコードを中心とした開発への参加について説明してきましたが、オープンソースソフトウェアにはソースコード以外でも開発に参加する方法があります。

## 日本語化

ソフトウェアは、ユーザーとのやり取りのためにいろいろなメッセージの表示が必要になります。コンピュータの世界では、英語が標準語として使われることが多く、メッセージなども基本的に英語のものが用意されています。このメッセージを必要に応じて各国語に翻訳し、表示も変更できるようにします。このような各国語対応のことを「ローカライゼーション」(Localization)と呼びます(LとNの間に10文字あるのでL10Nとも呼ばれます)。

当然、日本語化するには、メッセージを日本語に翻訳する必要があります。翻訳されたメッセージのデータは、ソースコードと組み合わされて実行時に利用されます。当然、バージョンアップなどの際には必要となるメッセージも変更されるので、ソースコードの開発とセットで翻訳も進めていく必要があります。

## ドキュメントの作成

ソフトウェアにはマニュアルなどのドキュメントが必要になります。これらのドキュメントの作成も、開発とセットで行う必要があります。もちろん、バージョンアップを追従する、各国語に翻訳するなど、ドキュメントについてのローカライゼーションも必要となります。ドキュメントの作成も立派な開発作業の一部です。

# 第5章 オープンソースとビジネス

オープンソースソフトウェアは無償で使うことができるので、従来のソフトウェアを販売するようなビジネスとは真逆でビジネスにはならないと思われていますが、実際にはオープンソースのビジネスは幅広く行われています。

本章では、オープンソースとビジネスの関係について解説します。

# オープンソース＝無償？

オープンソースソフトウェアはソースコードが公開されているので、誰でもソースコードをダウンロードして、自分でビルドすることで自由に使うことができます。開発者にお金を支払うこともありません。すでにビルドされているバイナリが一緒に配布されていますし、それらを組み合わせたLinuxディストリビューションを入手してインストールし、使用することができます。

このような観点からすると、オープンソースソフトウェアは無償です。少なくともすべて自分で行う場合には、費用は一切かからないと考えてよいでしょう。

# システムは無償ではない

しかし、コンピュータとソフトウェアを組み合わせたシステムを円滑に利用するには、何もかもが無償というわけにはいきません。たとえば、オープンソースソフトウェアのインストールや設定を仕事として行ったのであれば、そこには給与という対価が支払われています。もし、自分で行えないような作業を誰かに依頼した場合には、相手に対してその費用を支払う必要があります。

より良いシステムを構築し、使い続けるために運用していくには専門的な知識が必要になるので、技術者を雇用するか、外部にアウトソースする必要があります。そのときに使用するソフトウェアがオープンソースで無償であったとしても、構築や運用には費用が発生するので、システムのトータルコストは有償ということになります。

システムの全体コストをＴＣＯ（Total Cost of Ownership）と呼びます。オープンソースはＴＣＯを削減する効果は期待できますが、ゼロになるわけではありません。

# オープンソースを利用するためにかかるコスト

では、オープンソースソフトウェアを利用してシステムを構築、運用するためにかかるコストには何があるでしょうか。

## システムの設計・構築コスト

どのようなシステムを作るのかを決定し（要件定義）、それに従って設計し、実際に構築するための作業コストがかかります。

## ハードウェアやネットワークの調達、クラウド利用のコスト

システムを構築するにはオープンソースソフトウェアを動かすためのハードウェア、接続するネットワークなどの調達や設定などのコストがかかります。クラウドを利用する場合にも、ほぼ同様のコストがかかります。

### ソフトウェア調達のコスト

システムのすべてをオープンソースソフトウェアでまかなうことも不可能ではありませんが、商用ソフトウェアが必要となる場合もあります。それらを調達するためのコストがかかります。

### アプリケーション開発のコスト

単純なWebサーバーやメールサーバーなど、そのまま利用するだけでよいソフトウェアも多くありますが、業務で使用するシステムは対象となる業務に合わせたアプリケーションの開発が必要になります。これらの開発コストはもちろん別枠になります。

### 運用・技術サポートのコスト

構築後のシステムを動かし続ける運用、そして障害などが発生した際に対応するための技術サポートのコストがかかります。

## 教育のコスト

システムの構築運用などを行う担当者を教育するためのコストがかかります。

# いくつかのビジネスの実例

このように、システムのためのコストはオープンソースソフトウェア以外にも多数存在しており、オープンソースソフトウェア＝無償とはいえ、システム全体として見れば無償でない、というところにオープンソースのビジネスの源泉があるといえるでしょう。

オープンソースソフトウェアを利用するとしても、システムにはコストがかかることをふまえて、代表的なオープンソースソフトウェアのビジネスの例を見てみましょう。

## Linuxディストリビューションのビジネスモデル

オープンソースビジネスの一番わかりやすい例はLinuxディストリビューションです。Linuxディストリビューションは、Linuxカーネルを中心にさまざまなオープンソースを組み合わせてインストール可能にしたものです。個々のオープンソースのソースコードをダウンロードしたり、ビルドしたりする手間が省けるので、ＯＳとしてLinuxを使ってシステムを構築するには何らかのLinuxディストリビューションを選択することになります。

Linuxディストリビューション自体はオープンソースの集合体なので、インストールメディアは無償でダウンロードできます。しかし、メールや電話で技術サポートを受けたり、バージョンアップ版を逐一適用できるようにするには有償となります。有償サービスはたとえば1年間というように期間で区切られており、通常「サブスクリプション契約」と呼ばれる形態となります。

また、ディストリビューションによっては、有償ユーザーのみ使用できる機能を提供しているものがあります。

このように、無償のオープンソースにサポートや付加機能などを加えるのがディストリビューションのビジネスモデルです。

## 自社製品のオープンソース化によるビジネスモデル

自社で開発した製品をオープンソースソフトウェアとしてソースコードを公開す

るパターンもあります。わかりやすい例としてマイクロソフトがあるでしょう。マイクロソフトの場合、WindowsやMS Officeなど、ビジネスの売上に貢献する製品があるので、自社製品のエコモデルの中に無償のオープンソースを提供しても十分にビジネスになります。

ソースコードを公開することで、製品について技術的に詳しく見てもらったり、開発コミュニティが形成されることを期待することができます。

もちろん、マイクロソフトのようなさまざまな製品を提供していなくても、自社製品をオープンソースにする場合があります。前述したようなメリットのほか、

◉マイクロソフトのオープンソース専門Webサイト

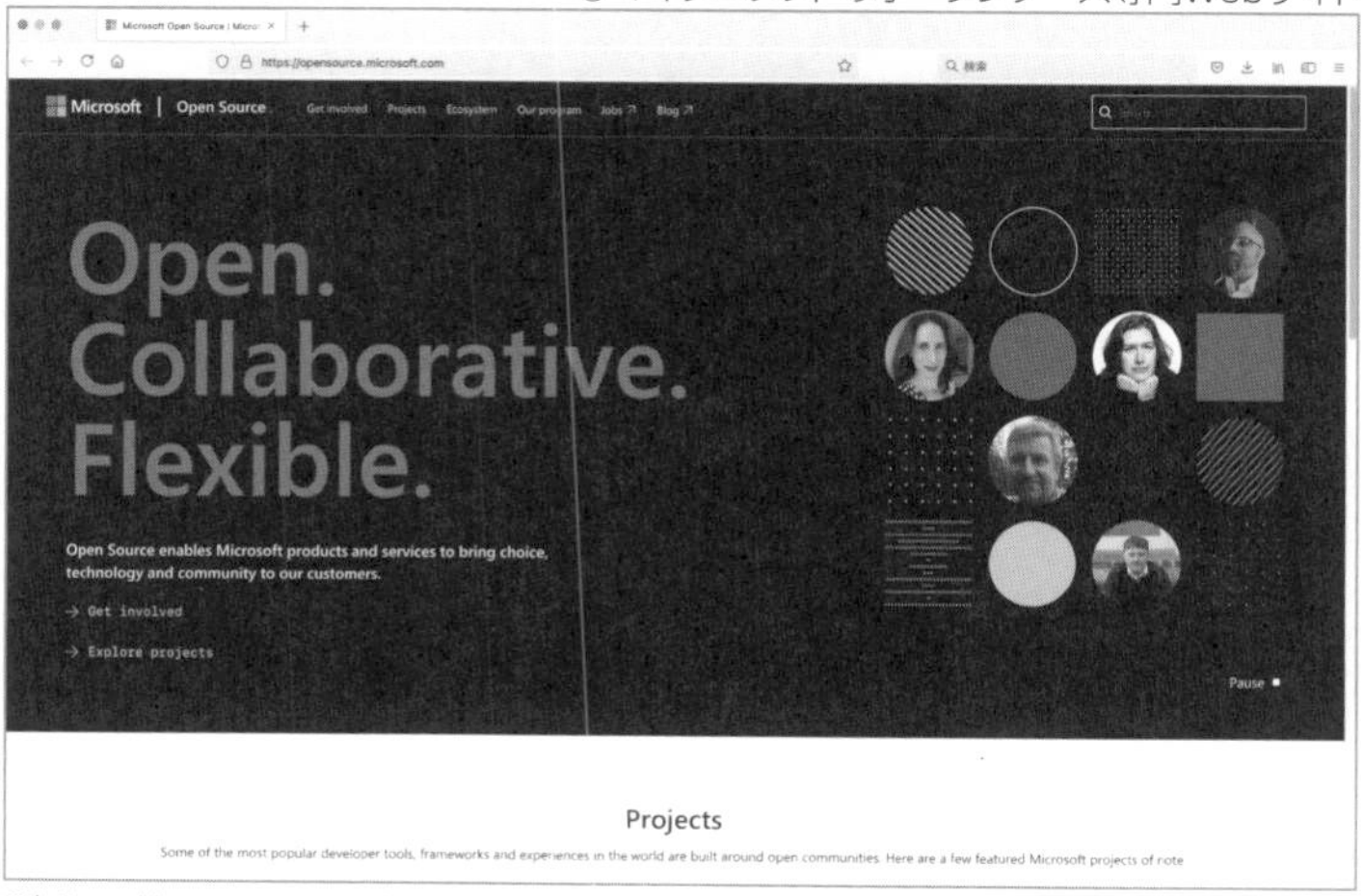
Microsoft Open Source | Microsoft
https://opensource.microsoft.com
Microsoft | Open Source
Get involved
Projects
Ecosystem
Our program
Jobs
Blog
Open.
Collaborative.
Flexible.
Open Source enables Microsoft products and services to bring choice, technology and community to our customers.
→ Get involved
→ Explore projects
Pause
Projects
Some of the most popular developer tools, frameworks and experiences in the world are built around open communities. Here are a few featured Microsoft projects of note

※https://opensource.microsoft.com/

Linuxディストリビューションのようにサポートなどの有償サブスクリプション、さらにクラウドサービス化で収益を上げようとするビジネスモデルがあります。

## SIのビジネスモデル

SI(システムインテグレーション)のビジネスモデルは、一番広く行われているオープンソースのビジネスモデルでしょう。SIはシステムの設計、構築、アプリケーション開発、運用、サポート、教育などを顧客に対してトータルに提供するビジネスです。これらはすべてオープンソースのビジネスとして個別にも提供されており、それらを組み合わせたビジネスモデルなので、SIとオープンソースはビジネスの親和性が高いといえます。

## オープンソースビジネスのコミュニティ

ビジネスというと、各企業が競争し合うところを想像するかもしれません。実際、ビジネスとして競争関係になることがあるのも事実ですが、一方で競争しない方がいい分野においては協力関係を築くこともあります。たとえばLinuxカーネルであれば、バグの修正など各企業が力を注ぐことで品質が向上し、全体としてメリットがあるようなケースです。ビジネスのコミュニティ化と考えればよいでしょう。このようなことができるのも、ソースコードをオープンにしているメリットといえます。

●Linux FoundationはLinuxカーネルの開発を支援する組織

※https://www.linuxfoundation.jp/

# オープンソースビジネスと雇用

プログラマやエンジニアなどの雇用も、オープンソースビジネスでは特徴があります。オープンソースのビジネスは、技術サポートなど人のスキルに依存するものがかなりの割合を占めています。そのため、オープンソースの開発に実際に携わっているプログラマや、技術に詳しいエンジニアを積極的に雇用するようになっています。

また、コミュニティの中で活動すること自体が業務の一環になっている人も大きく増えているのも、オープンソースのビジネスが拡大している1つの表れといえるでしょう。

# 第6章 オープンソースの歴史

今でこそオープンソースソフトウェアは当たり前のものになりましたが、もともとオープンソースという考え方があったわけではありません。

本章ではオープンソースという考え方が広まるまでの歴史を振り返ります。

# フリーソフトウェア運動

オープンソースソフトウェアの歴史を紐解くと、最初に出てくるのがフリーソフトウェアという考え方です。ここでいうフリーは「無償」ではなく、「自由」という意味です。つまり「自由ソフトウェア」ということです。

## フリーソフトウェアとは

フリーソフトウェアとは何でしょうか。この考え方を提唱しているＦＳＦ（Free Software Foundation）が定義するフリーソフトウェアの４つの基本的な自由は次の通りです。「自由ソフトウェアとは？」より引用しました。

- どんな目的に対しても、プログラムを望むままに実行する自由（第零の自由）
- プログラムがどのように動作しているか研究し、必要に応じて改造する自由（第一の自由）。ソースコードへのアクセスは、この前提条件となります。
- ほかの人を助けられるよう、コピーを再配布する自由（第二の自由）

●改変した版をほかに配布する自由（第三の自由）。これにより、変更がコミュニティ全体にとって利益となる機会を提供できます。ソースコードへのアクセスは、この前提条件となります。

もともと第一から第三までの3つの自由でした。これらはソースコードを中心として考えられている自由でしたが、第零の自由として実行する自由が追加されて4つの自由となっています。実際、ソフトウェアは実行されなければ用をなさないので、実行することの自由も明確に定義しています。

◉自由ソフトウェアとは?

自由ソフトウェアとは? - GNUプ
https://www.gnu.org/philosophy/free-sw.ja.html
検索
GNUについて 理念 ライセンス 教育 ソフトウェア 文書 マルウェア GNUを支える GNUアート GNU人名録
原文は英語で、これはその翻訳です。
自由ソフトウェアとは?
自由ソフトウェアの定義
自由ソフトウェアの定義は、ある特定のソフトウェア・プログラムが、自由ソフトウェアとして適格であるかどうかの基準を示します。時に応じて、わたしたちはこの定義を改訂し、これを明確化し、また、本質的な問題に対する疑問を解決します。自由ソフトウェアの定義に関連する変更については、履歴をご覧ください。
ここで回答されていない自由ソフトウェアのライセンシングについて質問がありますか? わたしたちのライセンシングの資料をご覧ください。そして必要であれば、FSFのコンプライアンス・ラボ、licensing@fsf.orgにメールで連絡ください。
「オープンソース」は異なるものです: それは異なる価値にもとづいたとても違った理念を有します。その実際の定義も異なりますが、ほとんどすべてのオープンソースのプログラムは実際に自由です。わたしたちはその違いをなぜ「オープンソース」は自由ソフトウェアの的を外すのかで説明しています。
「自由ソフトウェア」は利用者の自由とコミュニティを尊重するソフトウェアを意味します。おおよそで言うと、そのソフトウェアを、実行、コピー、配布、研究、変更、改良する自由を利用者が有することを意味します。ですから、「自由ソフトウェア」は自由の問題であり、値段の問題ではありません。この考え方を理解するには、「ビール飲み放題(free beer)」ではなく「言論の自由(free speech)」を考えてください。わたしたちは無償の意味ではないことを示すのに時々、「自由」を表すフランス語あるいはスペイン語の言葉を借りて「リブレソフトウェア」と呼びます。
わたしたちは、これらの自由のために運動します。なぜならすべての人がその自由に値するからです。これらの自由によって、利用者(個々人のみならず全体として)はプログラムとそのプログラムが利用者になすことを制御します。利用者がプログラムを制御しないとき、わたしたちは、それを「不自由」あるいは「プロプライエタリ」のプログラムと呼びます。不自由なプログラムは、その利用者を制御するでしょう。そして開発者がプログラムを制御します。これは、プログラムを不公正な力の道具とします。
四つの基本的な自由
あるプログラムが自由ソフトウェアであるとは、そのプログラムの利用者が、以下の四つの必須の自由を有するときです: [1]
• どんな目的に対しても、プログラムを望むままに実行する自由 (第零の自由)。
• プログラムがどのように動作しているか研究し、必要に応じて改造する自由 (第一の自由)。ソースコードへのアクセスは、この前提条件となります。
• ほかの人を助けられるよう、コピーを再配布する自由 (第二の自由)。

※https://www.gnu.org/philosophy/free-sw.ja.html

## GNU GPL

ソフトウェアの自由を守るために作られたライセンスがＧＮＵ ＧＰＬです。ＧＮＵ ＧＰＬの正式な名称は「GNU General Public License」です。

ＧＮＵ（グヌー）は「GNU's Not Unix」を略したものです。第1章で説明したUnixの商用化やソースコードが提供されなくなるなどの流れの中、フリー（自由）なUnix互換の環境を開発することを目的としてＧＮＵプロジェクトが開始されました。詳しいことは1985年に出された「ＧＮＵ宣言」を読んでみてください。

このＧＮＵプロジェクトで開発されたソフトウェアは、その自由を守るためにＧＮＵ

◉GNU宣言

GNU宣言 - GNUプロジェクト
https://www.gnu.org/gnu/manifesto.ja.html
GNUについて
理念
ライセンス
教育
ソフトウェア
文書
マルウェア
GNUを支える
GNUアート
GNU人名録
原文は英語で、これはその翻訳です。
GNU宣言
下記のGNU宣言はリチャード・ストールマンによって、1985年にGNUオペレーティング・システムの開発に支持を求めて、書かれたものです。1987年までは、開発を説明するのに少々更新されましたが、それからは、変更なしのままで置いておくのがよいでしょう。
その時から、よくある誤解について、そしてそれが異なる言い回しで避けられることを、わたしたちは学びました。1993年から脚注を付け足し、この点を明確にしました。
GNU/Linuxシステムをインストールしたい方には、わたしたちは100%自由ソフトウェアのGNU/Linuxディストリビューションのひとつを使うことをを推奨します。どのように貢献するかについては、http://www.gnu.org/helpをご覧ください。
GNUプロジェクトはソフトウェアのユーザの自由のキャンペーンである自由ソフトウェア運動の一部です。GNUを「オープンソース」の用語と関連付けるのは間違いです。この用語は1998に自由ソフトウェア運動の倫理的な価値に同意しない人々によって思いつかれたものです。かれらは同じフィールドで倫理とは無関係のアプローチを推進するのにこの用語を使っています。
GNUってなに? GnuはUnixではない (Gnu's Not Unix)!
GNU、それはGnuはUnixではない(Gnu's Not Unix)を表しますが、わたしが「フリー」に渡し、誰もが使えるように、書いている完全なUnix互換のソフトウェア・システムの名称です。[1] 何人かのほかのボランティアがわたしを助けてくれます。時間、お金、プログラム、そして機器の貢献が大いに必要です。
いままでに、わたしたちは、エディタ・コマンドを書くためのLispがついたEmacsテキスト・エディタと、ソース・レベル・デバッガ、Yacc互換のパーザ生成系、リンカ、そして、だいたい35のユーティリティを有しています。シェル(コマンド・インタプリタ)はほぼ完成しています。新しい移植性のよい最適化Cコンパイラは、自身をコンパイルできるようになり、今年、リリースできるでしょう。初期段階のカーネルは存在しますが、Unixをエミュレートするにはもっと多くの機能が必要です。カーネルとコンパイラが終了すれば、プログラム開発のために適したGNUシステムを配布することができるでしょう。わたしたちはTeXをわたしたちの文書清書系として使いますが、nroffの作業もしています。わたしたちは、自由な、移植性のよいXウィンドウ・システムも使います。その後、わたしたちは移植性のよいCommon Lispや、Empireゲーム、スプレッドシート、そしてたくさんのもの、さらにオンライン・ドキュメンテーションも加えるでしょう。わたしたちは、最終的には、Unixシステムに通常ついてくる、すべての有用なものと、もっと多くを提供することを望みます。
GNUはUnixプログラムを実行できるでしょう。しかし、Unixと同一ではないでしょう。わたしたちのほかのオペレーティング・システムの経験にもとづき、すべての便利な改善を行うでしょう。具体的には、長いファイル名、ファイルのバージョン番号、クラッシュ耐久ファイルシステム、おそらくファイル名補完、ターミナル非依存ディスプレイサポート、そして、たぶん最終的には、数種のLispのプログラムと通常のUnixプログラムが画面を共有できるLispベースのウィンドウシステム、を計画しています。CとLispがシステムのプログラム言語として利用可能でしょう。UUCPやMIT Chaosnet, そしてインターネット

※https://www.gnu.org/gnu/manifesto.ja.html

GPLでライセンスされるようになりました。ライセンスの考え方については第7章で解説します。

## Emacs とGCC

GNUプロジェクトではさまざまなソフトウェアが開発されましたが、その中でも大きな影響力を持ったのがエディタであるEmacs(イーマックス)と、コンパイラであるGCCです。

Emacsは、プログラマが使用しやすいようにカスタマイズ可能なエディタで、拡張することでビルド作業を簡単に呼び出せたり、電子メールを読んだりすることができるので、エディタという枠を超えて、OS、環境と呼んでもよいソフトウェアとして多くの熱狂的なユーザーを獲得しました。当時、Unix環境で使用できる標準的なエディタである「vi」との優劣を比較することは「宗教論争」といわれるほどです。

GCCは、当初は「GNU C Compiler」の略語でしたが、現在ではさまざまなプログラミング言語をサポートしているので「GNU Compiler Collection」の略語となっています。当時、ビルド作業に必須のコンパイラは各OSごとに提供されていましたが、

GCCはさまざまなOS、ハードウェアで動作することから、ソフトウェアの移植性を高めることができました。

現在ではコンパイラのデファクトスタンダード（実質的な標準）と呼んでも差し支えのないぐらいのシェアを誇っています。Linux環境でもGCCが標準で使われており、多くのオープンソースがGCCを使ってビルドされています。

●GCCのWebサイト

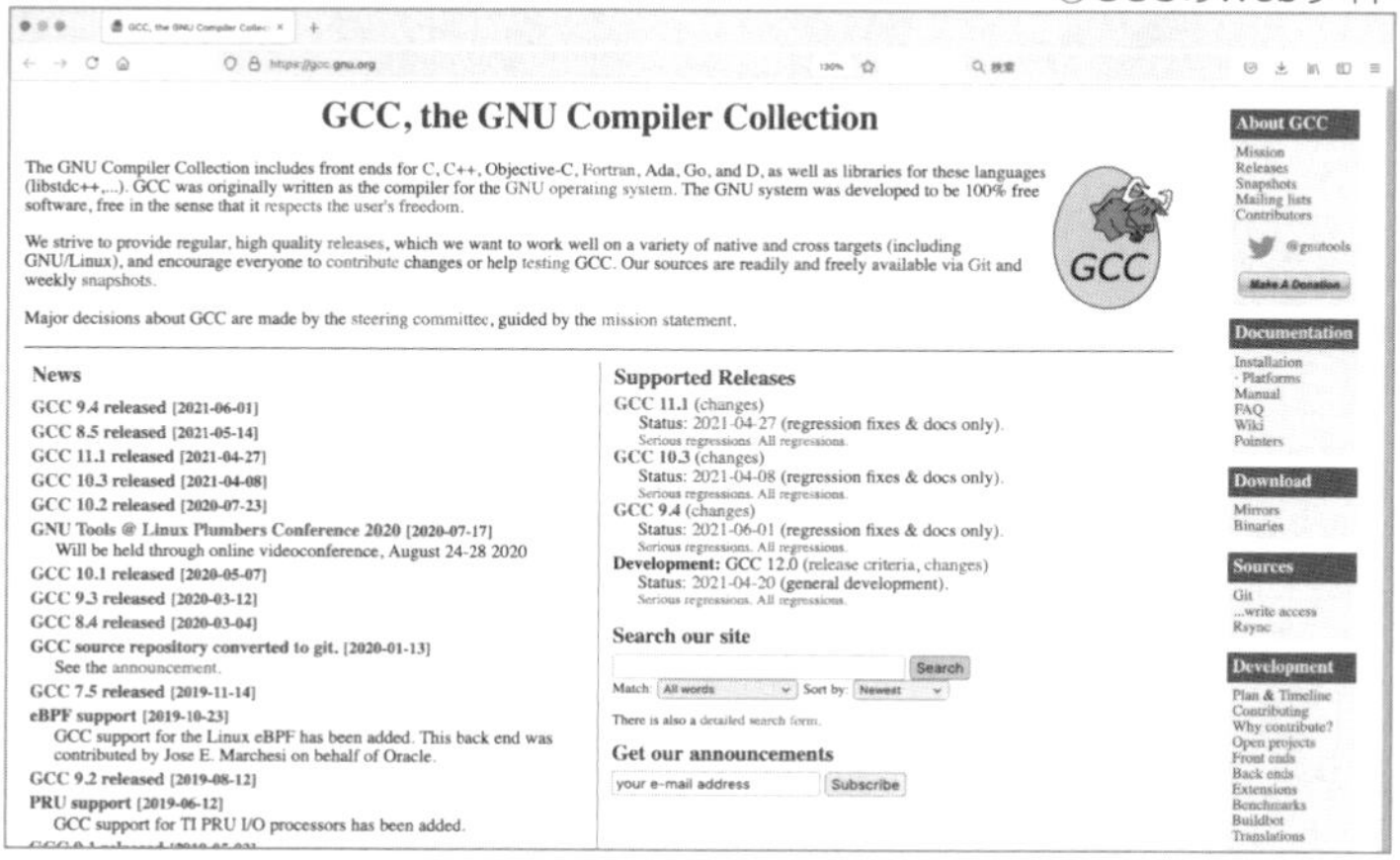
GCC, the GNU Compiler Collection
The GNU Compiler Collection includes front ends for C, C++, Objective-C, Fortran, Ada, Go, and D, as well as libraries for these languages (libstdc++,...). GCC was originally written as the compiler for the GNU operating system. The GNU system was developed to be 100% free software, free in the sense that it respects the user's freedom.
We strive to provide regular, high quality releases, which we want to work well on a variety of native and cross targets (including GNU/Linux), and encourage everyone to contribute changes or help testing GCC. Our sources are readily and freely available via Git and weekly snapshots.
Major decisions about GCC are made by the steering committee, guided by the mission statement.
GCC
News
GCC 9.4 released [2021-06-01]
GCC 8.5 released [2021-05-14]
GCC 11.1 released [2021-04-27]
GCC 10.3 released [2021-04-08]
GCC 10.2 released [2020-07-23]
GNU Tools @ Linux Plumbers Conference 2020 [2020-07-17]
Will be held through online videoconference, August 24-28 2020
GCC 10.1 released [2020-05-07]
GCC 9.3 released [2020-03-12]
GCC 8.4 released [2020-03-04]
GCC source repository converted to git. [2020-01-13]
See the announcement.
GCC 7.5 released [2019-11-14]
eBPF support [2019-10-23]
GCC support for the Linux eBPF has been added. This back end was contributed by Jose E. Marchesi on behalf of Oracle.
GCC 9.2 released [2019-08-12]
PRU support [2019-06-12]
GCC support for TI PRU I/O processors has been added.
Supported Releases
GCC 11.1 (changes)
Status: 2021-04-27 (regression fixes & docs only).
GCC 10.3 (changes)
Status: 2021-04-08 (regression fixes & docs only).
GCC 9.4 (changes)
Status: 2021-06-01 (regression fixes & docs only).
Development: GCC 12.0 (release criteria, changes)
Status: 2021-04-20 (general development).
Search our site
Search
Get our announcements
your e-mail address
Subscribe
About GCC
Mission
Releases
Snapshots
Mailing lists
Contributors
Documentation
Installation
Manual
FAQ
Wiki
Download
Mirrors
Binaries
Sources
Git
Rsync
Development
Plan & Timeline
Contributing
Why contribute?
Open projects
Front ends
Back ends
Extensions
Benchmarks
Buildbot
Translations
※https://gcc.gnu.org/

# Linuxの登場とOSSの普及

ＧＮＵのフリーソフトウェアという考え方、そしてＧＮＵプロジェクトで開発されたソフトウェアはその後、Linuxやオープンソースソフトウェア運動へとつながっていきます。

ＧＮＵプロジェクトはUnix互換の環境を開発することを目指していたので、当然ＯＳの中核であるカーネルの開発も行われていました。GNU Hurd（ハード）、GNU Mach（マーク）がそのプロジェクトです。しかし、開発はなかなか進みませんでした。また、Unixの正当な支流であるＢＳＤ（Berkeley Software Distribution）が存在していましたが、Unixの知的財産に関する訴訟の影響で普及が遅れてしまいました。

これらの間隙を縫うようにして普及していったのがLinuxカーネルです。１９９１年に登場したLinuxカーネルが普及した理由については第1章で解説しています。

## オープンソースという考え方の広まり

Linuxがオープンソースという考え方を普及させたのは確かですが、オープンソースという考え方を生み出したのはLinuxではありません。

1998年、マイクロソフトのWebブラウザ「Internet Explorer」が広く普及し始めたことに対抗するため、ネットスケープは自社のWebブラウザである「Netscape Communicator」のソースコードを公開することにしました。このとき、世の中に広めるマーケティングを行うためのメッセージとして「オープンソース」という考え方が生み出されました。

Linuxが最初に出てきたのは1991年、オープンソースが出てきたのが1998年ですから、7年の開きがあります。ただし、オープンソースが生み出されるきっかけになったのがWebブラウザであること、Webブラウザのニーズが高まったのはインターネットが一般に普及したことであり、WebサーバーのOSとしてLinuxのニーズが高まったことなど、1990年代は時期的にLinuxやオープンソースが広まる時代背景があった、と考えるとよいでしょう。

# インターネットの普及とサーバー需要の増加

前述の通り、１９９０年代後半のインターネットの普及が、オープンソースの広まりの背景にあることは間違いありません。最もわかりやすいＷｅｂサーバーとＷｅｂブラウザを例にオープンソースとの関係を見てみましょう。

ちなみに、インターネットの普及はマイクロソフトが「Windows 95」をリリースしたことによって火が付いたと考えられています。１９９５年が１つの大きな節目だと考えておくとよいでしょう。

## Apache Webサーバー

現在までの間で、最も普及しているＷｅｂサーバーといえばApache Webサーバーでしょう。Apache WebサーバーはもともとＮＣＳＡ(National Center for Supercomputing Applications・米国立スーパーコンピュータ応用研究所)が開発していた「NCSA HTTPd」(１９９３年リリース)の開発を受け継いで１９９５年から開発されるようになりました。名前の由来は、NCSA HTTPdの修正のためにパッチをあてること(A Patch)と、アメリカの先住民族のアパッチ族にかけています。Apache Webサーバーは「Apache License」という独自のオープンソースのライセンスで提供されています。

インターネットの普及とともに、情報を発信するためのＷｅｂサーバーが求められ、Apache Webサーバーは利用者が増えていきました。

## Netscape Communicatorのオープンソース化

インターネットの普及は、もちろんＷｅｂブラウザの需要も高めました。初期のころはＮＣＳＡが開発していた「Mosaic」が広く使われており、これが派生して「Netscape Communicator」が誕生し、大きなシェアを獲得しました。しかし、前述の通り、マイクロソフトがWindowsにＷｅｂブラウザ「Internet Explorer」を標準で搭載したことでシェアを下げていきます。この状況を打開するため、Netscape Navigatorのソースコードが公開され、オープンソースという言葉が生まれたわけです。

オープンソース化されたソースコードは「Mozilla Public License」でライセンスされるようになりました。

# オープンソースの活動に影響を及ぼしたさまざまな文書

オープンソースの活動（ムーブメント）に影響を及ぼしたといわれるいくつかの文書があります。前述した「GNU宣言」もその1つですが、ここでは代表的な2つの文書を紹介します。

## 伽藍とバザール(The Cathedral and the Bazaar)

『伽藍とバザール』（The Cathedral and the Bazaar）は、Eric Raymondによって1997年に発表された、オープンソースの開発モデルについて書かれた文書です。伽藍（大きな宗教的な建物を想像すればよい）のようなものを建てるときにはしっかりと計画、管理しながら建設するのに対して、バザール（広場にテントが並んでいる様子を想像すればよい）のように誰でも自由に売り買いできる状況を指して、オープンソースの開発はバザール方式だと説明しています。

実際には、このようにきれいに分けられるわけではないことに注意する必要があります。たとえば、Linuxカーネルにどのような機能を入れるかはLinus Torvaldsが決めているので、完全に自由なバザール方式というわけではありません。

それでも、発表された１９９７年はちょうどオープンソースという言葉が生まれた前年であり、時代の転換点として象徴的な文書であることは間違いありません。

## ハロウィーン文書

『ハロウィーン文書』もEric Raymondによって１９９８年10月から公開された一連の文書を指します。内容は、マイクロソフトのオープンソースに対する戦略について、一部にはマイクロソフト社内の機密文書も含めて、一種の告発文書となっています。その中にはＦＵＤ戦略（「Fear」（恐怖）、「Uncertainty」（不確実）、「Doubt」（疑問））と呼ばれるネガティブキャンペーンをオープンソースに対して行うことなどが含まれていました。

しかし、実際にはネガティブキャンペーンはオープンソースに対してあまり効果を発揮していないことに言及している文書も含まれるなど、オープンソースに対抗する企業の対応がわかる内容となっています。現在ではマイクロソフトも自社製品をオープンソース化する戦略をとるようになっており、企業のオープンソース戦略の歴史的な変遷を知る上でも重要な文書といえます。

# 第7章 オープンソースとライセンス

オープンソースとして公開されたソフトウェアには「ライセンス」が付いています。オープンソースを製品に取り込む場合などにはライセンスを意識する必要があります。

本章では、オープンソースのライセンスについて解説します。

# ライセンスの例

オープンソースのライセンスには下表のようなものがあります。いくつかのライセンスの概要を見ていきましょう。

## 日本語参考訳について

オープンソースを再頒布する際に添付するライセンス文は英文などの原文です。しかし、内容を理解するためには日本語参考訳を活用した方がよいでしょう。

Open Source Group JapanのWebサイトや、各プロジェクトの日本語サイトなどにもあります。日本語参考訳でだいたい大丈夫なので、オープンソースを再頒布する際には、必ずライセンスに書かれた条件を確認しましょう。

◉オープンソースソフトウェアの主なライセンス例

| オープンソースソフトウェア | 主なライセンス |
|---|---|
| Linuxカーネル | GNU GPLv2 |
| FreeBSD | 二条項BSDライセンス※1 |
| PostgreSQL | MITライセンス※1 |
| Samba | GNU GPLv3 |
| Apache HTTP Server | Apache License 2.0 |

※1　二条項BSDライセンス、MITライセンスは、ライセンスの正式名称ではありません。それぞれ、似たライセンスの総称として使われています。

●Open Source Group JapanのWebサイト

OSG-JP
Open Source Group Japan
ホーム
オープンソースの定義
ライセンスと文書
商標イニシアティブ
ENGLISH
日々是ハック也
Open Source Group Japanは、オープンソースとそのコミュニティの健全な発展に寄与するための非営利団体として日々活動しています。オープンソースの定義やライセンスの翻訳等も行っています。詳しくは下記をご確認ください。
詳細を見る
お知らせ
オープンソースプロジェクトの商標問題に対して包括的に対応する「オープンソース商標イニシアティブ」を立ち上げ
デジタル庁の創設に向けたオープンソース・グループ・ジャパンからの提言
一般社団法人オープンソース・グループ・ジャパン、設立のお知らせ
新しいコンテンツを直接メール
メールアドレス

※https://opensource.jp/

# ＭＩＴライセンス

ＭＩＴ（マサチューセッツ工科大学）で開発されたソフトウェア「X Window System」などに付けられたライセンスです。これを真似たり、少しずつ変更を行って、今では多くのオープンソースソフトウェアで使われています。それらのライセンスの総称として「ＭＩＴライセンス」、または「Ｘライセンス」とも呼ばれています。次節のＢＳＤライセンス（の一種）と呼ばれることもあります。形式的には違っていても、内容としてはほぼ同じだからです。

ＭＩＴライセンスの全文（日本語参考訳）は下記の通りです。

URL https://licenses.opensource.jp/MIT/MIT.html

Copyright (c) <year> <copyright holders>

以下に定める条件に従い、本ソフトウェアおよび関連文書のファイル（以下「ソフトウェア」)の複製を取得するすべての人に対し、ソフトウェアを無制限に扱うことを無償で許可します。これには、ソフトウェアの複製を使用、複写、変更、結合、掲載、頒布、サブライセンス、および/または販売する権利、およびソフトウェアを提供する相手に同じことを許可する権利も無制限に含まれます。

上記の著作権表示および本許諾表示を、ソフトウェアのすべての複製または重要な部分に記載するものとします。

ソフトウェアは「現状のまま」で、明示であるか暗黙であるかを問わず、何らの保証もなく提供されます。ここでいう保証とは、商品性、特定の目的への適合性、および権利非侵害についての保証も含みますが、それに限定されるものではありません。作者または著作権者は、契約行為、不法行為、またはそれ以外であろうと、ソフトウェアに起因または関連し、あるいはソフトウェアの使用またはそのほかの扱いによって生じる一切の請求、損害、そのほかの義務について何らの責任も負わないものとします。

ＭＩＴライセンスは、次のような構成となっています。

①著作権表示
②許諾する内容
③表示について
④免責条項

著作権表示は、著作権が発生した年と、誰が著作権者なのかを記述します。

許諾する内容は、「ソフトウェアを無制限に扱うことを無償で許可」することを記述しています。

表示については、著作権表示とＭＩＴライセンスで許諾される旨を頒布するソフトウェアと一緒に、あるいは配布サイトなどで表示することを求めています。ソフトウェアと一緒にする場合には、一般的にはライセンスファイルを含めます。

免責事項は、ソフトウェアに保証がないことを記述しています。

非常にシンプルなライセンスなため、多くのオープンソースプロジェクトでＭＩＴライセンスが使われています。

## 二条項BSDライセンス

カリフォルニア大学バークレー校（ＵＣＢ）で開発されたバークレー版Unixなどのソフトウェア群「ＢＳＤ（Berkeley Software Distribution）」に付けられたライセンスです。

こちらも真似たり、少しずつ変更を行って、ＵＣＢ以外で開発されたソフトウェアでも広く使われています。今でも、以前の四条項ＢＳＤライセンス、三条項ＢＳＤライセンスから派生したライセンスもいろいろとあります。これらのライセンスの総称としてBSD likeライセンス、または単にＢＳＤライセンスと呼ばれています。

二条項ＢＳＤライセンスの全文（日本語参考訳）は次の通りです。

URL https://licenses.opensource.jp/BSD-2-Clause/BSD-2-Clause.html

Copyright ＜年＞＜著作権者＞

ソースコード形式かバイナリ形式か、変更するかしないかを問わず、以下の条件を満たす場合に限り、再頒布および使用が許可されます。

1. ソースコードを再頒布する場合、上記の著作権表示、本条件一覧、および下記免責条項を含めること。

2. バイナリ形式で再頒布する場合、頒布物に付属のドキュメント等の資料に、上記の著作権表示、本条件一覧、および下記免責条項を含めること。

本ソフトウェアは、著作権者およびコントリビューターによって「現状のまま」提供されており、明示黙示を問わず、商業的な使用可能性、および特定の目的に対する適合性に関する暗黙の保証も含め、またそれに限定されない、いかなる保証もありません。著作権者もコントリビューターも、事由のいかんを問わず、損害発生の原因いかんを問わず、かつ責任の根拠が契約であるか厳格責任であるか（過失そのほかの）不法行為であるかを問わず、仮にそのような損害が発生する可能性を知らされていたとしても、本ソフトウェアの使用によって発生した（代替品または代用サービスの調達、使用の喪失、データの喪失、利益の喪失、業務の中断も含め、またそれに限定されない）直接損害、間接損害、偶発的な損害、特別損害、懲罰的損害、または結果損害について、一切責任を負わないものとします。

二条項ＢＳＤライセンスは、次のような構成となっています。

①著作権表示
②条文本体
③免責条項

ＭＩＴライセンスとの形式的な違いは、頒布するコードの形式で条件を分けて二条項で記述しているところです。

- 1. ソースコードを再頒布する場合、ライセンスを含めること。
- 2. バイナリ形式で再頒布する場合、頒布物に付属する資料にライセンスを含めること。

ソースコードにライセンスを含める、あるいはバイナリにライセンスを付属させて受領者にライセンスが見えるようにすることが再頒布の条件であることはＭＩＴライセンスと違いがありません。

バイナリ形式のみの再頒布を認めている、つまりソースコードは再頒布しないでもよいことから、商用製品などで採用されることが多いオープンソースのライセンスです。

# GNU General Public License(GNU GPL)

GNUプロジェクトで開発されたソフトウェアに付けられたライセンスの1つです。プロジェクトを始めたRichard M. Stallman氏が最初に作成しました。GNUプロジェクト以外のLinuxやSamba、MySQLなど多くのプロジェクトで利用されています。

現在、バージョン3が出ていますが、Linus Torvalds氏は移行のメリットがないとして、LinuxカーネルをGNU GPLバージョン2(GPLv2)固定にして使い続けています。

条文の構成としては、二条項BSDライセンスの第1条であるソースコードの再頒布をGPLv2では第1条と第2条に分けていて、二条項BSDライセンスの第2条であるバイナリ形式での頒布の条件がGPLv2では第3条に書かれています。

GNU GPLv2の全文(日本語参考訳)は下記にあります。

URL https://licenses.opensource.jp/GPL-2.0/GPL-2.0.html

二条項ＢＳＤライセンスとの違いは、バイナリ形式で再頒布する場合にソースコードの開示が条件であることが大きな違いです。

「ソースコード開示」「ソース開示」という用語がＧＰＬにあるわけではありませんが、ここではGPLv2 第３条の以下のａ）、ｂ）の条件をまとめて指すときに使います。

- ａ）ソフトウェアにソースコードを添付すること。
- ｂ）ソフトウェアにソースコードを提供する旨の申し出を添付すること。

ＧＰＬではこの条件があることにより、再頒布を受け取った人もオープンソースとしてソフトウェアを改変可能になります。

◉二条項BSDライセンスとGNU GPLv2の条項対応

| 二条項BSDライセンス | GNU GPLv2 |
|---|---|
| 第1条 ソースコードの再頒布の条件 | 第1条 ソースコードの複製物をそのまま頒布する条件 |
| | 第2条『ソフトウェア』を基にした著作物の頒布の条件 |
| 第2条 バイナリ形式での再頒布の条件 | 第3条 オブジェクトコードないし実行形式での頒布の条件 |

# オープンソースの定義（ＯＳＤ）

ＯＳＩ（Open Source Initiative）が定義した「ＯＳＤ」（Open Source Definition・オープンソースの定義）というものがあります。これをオープンソースのライセンスのひな型と紹介する人もいますが、文字通り「オープンソースの定義」であって「オープンソースライセンスの定義」ではありません。

公開されたソフトウェアを「オープンソース」と呼べるか否かの判断基準です。

# なぜ、ライセンスが付いているのか？

オープンソースソフトウェアになぜライセンスが付いているのでしょうか？

オープンソースソフトウェアは、コンピュータで動作するソフトウェア（以下ソフトウェア）なので、ほぼ世界中の国々の著作権法で保護されます。たとえば日本の著作権法の場合、「プログラムの著作物」として保護の対象となっています。

ソフトウェアは、ソースコードが公開されたとしても、開発者に著作権があります。開発者に無断で再頒布することは著作権法に違反してしまいます。そのため、開発者がソフトウェアに再頒布の許諾として付けているのがＧＰＬなどのライセンスです。

ライセンスがない方が制約がなくて自由じゃないか、というのはまったく逆で、ライセンスがなければ開発者以外、誰も頒布できないのです。

著作権法は、オープンソースに限らず、書籍、マンガ、演劇、映画など、さまざまな創作活動に関係してくるので、一度、調べてみても損はないと思います。

# 著作権法のポイント

オープンソースのライセンスを理解するための著作権法のポイントをいくつか紹介しましょう。

## どの国の著作権法？

主なオープンソースおよびライセンスにはアメリカ発のものが多いですが、アメリカの著作権法を理解する必要があるかというと、そうとは限りません。

アメリカ発のオープンソースを日本で利用する場合は、基本的に日本の著作権法で保護されます。ベルヌ条約という国際条約でそのように規定されているからです。

逆に、日本から輸出する場合は輸出先の著作権法を確認する必要があります。しかし、だいたいはベルヌ条約で整合がとられているので、大きな心配はないと思います。

## ライセンスを決めるのは誰？

開発者つまり著作者です。ただし、皆さんが業務として開発したソフトウェアの著作者は自動的に会社という法人になります。

オープンソースを再頒布するということは、著作権の1つ「複製権」を使うことになります。その複製権は著作者が専有すると法律で定義されているので、その許諾および条件であるライセンスの内容を決める権利は、著作者つまり開発者にあります。

## 二次的著作物のライセンス

二次的著作物は、ライセンス文中では派生物または派生著作物とも呼ばれるものです。ソフトウェアの場合、改変したソフトウェアや取り込んで開発したソフトウェアのことです。これに対してもとのソフトウェアを原著作物と呼んだりします。

二次的著作物の著作者（二次的著作者と呼ぶことにします）は、その開発者です。この二次的著作者にライセンスを決める権利があるかというと一概にそうとはいえません。二次的著作者の権利は、著作権法上、次のように制限されます。

①再頒布する二次的著作物を公に開発するには、元著作者の許諾が必要です（第27条）。
つまり、原著作者指定のライセンス条件を満たす必要があります。

②二次的著作者が有する権利は原著作者にも与えられます（第28条）。
二次的著作物で新たに発生した権利も原著作者に与えられます。

③二次的著作物が開発されても原著作者の権利に影響を及ぼさない（第11条）。
原著作者が示したライセンス条件は何ら変更されません。

このように、二次的著作者が付けられるライセンスは、かなり制限されたものになります。つまり、思い通りのライセンス条件を付けるためには、原著作物としてソフトウェアを開発する必要があるわけですね。
Richard M. Stallman氏がGNUプロジェクトで、原著作物を創作する活動を始めたのもうなずけます。

# ライセンス視点でのオープンソースの使い方

オープンソースの自由、つまり、できることは4つのレベルに分けることができます。

- ●レベル1：ソフトウェアの実行
- ●レベル2：ローカルな複製・改変
- ●レベル3：企業グループ内での複製・改変
- ●レベル4：外部に再頒布

オープンソースを使おうと思う方は、自分がどのレベルで使おうとしているのか認識する必要があります。そうしないと、著作権法違反を犯してしまうかもしれないので気を付けましょう。

### レベル1：ソフトウェアの実行

ダウンロードなどして入手したオープンソースの実行は、著作権行使ではありません。したがって、オープンソースに付いているライセンスの条件を気にする必要がありません。

たとえば、次のような作業です。

- Linuxカーネルを実行する。
- GNU GCCで商用ソフトウェアの実行形式を作成する。

### レベル2：ローカルな複製・改変

ダウンロードなどして入手したオープンソースを自分の環境で実行できるように改変することなどはよく行われています。

このようなローカルな複製・改変は、著作権法では「著作権の制限」※2とされており、著作権の行使になりません。したがって、オープンソースに付いているライセンスの条件を気にする必要がありません。

※2 「私的使用のための複製」（第30条）、「翻訳、翻案等による利用」（第47条の六）のほか、私的でなくても「電子計算機における著作物の利用に付随する利用等」（第47条の四）などで著作権が制限されています。

## レベル3：企業グループ内での複製・改変

会社で購入した書籍を社内だからといってコピーを配っては、著作権侵害になります。しかし、オープンソースは改変版を社内で広く共有して使うことはよくあります。これは、ライセンスで許されている状況ではなく、著作者である開発者が暗黙に許諾している状態といえます。次のような考え方が働いているのではないでしょうか。

- 複製は、公開されたものをダウンロードすれば同じことなので気にしない
- 改変も社内で閉じているならノウハウを社内で流通させるか否かは気にしない
- 外部に実害はなく、社内の問題は社内で解決すればいい話と考える

これは、個々のオープンソース開発者がそう思っていることが多いというだけで、すべての開発者が同じように考えている保証はありません。そうでない考えの場合は、プロジェクトサイトなどに明言されるでしょう。サイトを確認して特別なことが書かれていなければ、基本的にはローカルな複製・改変同様と考えてもよいでしょう。

### ◆クラウドサービスとGNU AGPLv3

企業グループ内での複製・改変を許さない場合の一例として、Affero GPLv3（AGPLv3）で公開されているオープンソースがあります。これは、次のような意図と推測します。

- クラウドなどでサービス提供で使用されている場合は社内の問題と言い難い
- 改変していなければ、公開されたものをダウンロードすれば同じことなので気にしない
- 改変していても複製していなければ著作権行使しているとは言い難い
- 改変したものを複製して社内展開し大規模にサービス提供している場合、ただ乗り感が強い

改変したオープンソースでクラウドサービスなどを大規模にサービス提供するときの「ただ乗り感」(FreeRide)を制限するために、サービス利用者に対してソースコードを提供する条件を加えたAGPLv3ができたと考えられます。Affero社を始め、商用ライセンスでも提供しているソフトウェアに付けられることが多いので、商用ソフ

トウェアのお試し版のライセンスとしてオープンソースの形で提供されていると認識しておいた方が無難でしょう。

## ⚙レベル4：外部に再頒布

ハードウェア製品でもソフトウェア製品でも複製生産して販売する場合、そこにオープンソースが含まれていれば、著作権（複製権）を行使しています。多くのプログラマは機能的に使っているか否かを気にします。しかし、著作権は複製されるものにオープンソースのソフトウェアが含まれているか否かが判断のポイントです。

その場合、どのオープンソースのライセンスでも条件を満たさなければ著作権侵害となってしまいます。きちんと含まれているオープンソースの再頒布条件を確認し、条件に従ってください。

## ライセンス条件の満たし方例

すべてのオープンソースのライセンスを把握することは不可能ですが、外部に再頒布する際、主なライセンスの条件の満たし方を紹介します。最も単純な方法は、製品に含まれるすべてのバイナリを再現可能なソースコードやライセンスなどを同梱することです。

具体的には、次のようなものを含めて再頒布します。

- ソースコード
- 著作権表示
- 条文本体
- 免責条項
- Acknowledgement（宣伝条項とかcreditとも呼ばれる）など

## 実はダメな対応

実はダメなのに、条件の一部にしか対応していない方法が一人歩きしていたりします。条文を読んでみるとわかることですが、読まないで聞いた話で判断しているのかもしれません。

### ソースコードをＷｅｂに公開（するだけ）

GPLv2のLinuxを使った組込製品、つまりハードウェア製品で見かけるダメな対応です。「ＧＰＬ使ったらソースをＷｅｂに公開」という話を、そういうルールと勘違いしているのでしょう。ＧＰＬには「Ｗｅｂに公開」という条件は記載されていません。

前述したように、ＧＰＬには、次のように記載されています。

- a)ソースコード
- b)申し出を添付

ソースコードをＷｅｂに公開しても、「そこからダウンロードできますよ」という申し出を製品に添付しなければ、ＧＰＬの条件を満たしたことになりません。

### ソースコード提供の申し出だけを製品に添付

ＧＰＬでのソースコードを提供する旨の申し出を製品に添付する場合、申し出の内容は次のようなものがあります。

- ソース公開したＷｅｂサイトのＵＲＬを示し、そこからダウンロード可能と記載
- 担当営業などにお問い合わせくださいと記載
- 窓口に手数料とともに申し込むとＣＤなどの媒体で返送しますと記載

ただ、多くの人が見落としていますが、これでもＧＰＬの条件を満たしていないところがあります。バイナリ頒布時はソース開示だけが条件ではなく、著作権表示、ライセンス文などの条件も満たす必要があります。実際には多くの著作者が気が付いていないのか、気にしていないようですが、できるだけ条件を満たすよう心がけましょう。

なお、Debian GNU/Linuxなどで使われるdebパッケージの場合などは、バイナリのインストールとともに、著作権表示、ライセンス文などを特定のディレクトリにインストールする仕様になっており、自動で条件を満たしてくれます。そのようなパッケージを利用することにより、大幅に負担が軽減されると思います。

## 著作物を意識した対応

最初に紹介した対応「製品に含まれるすべてのバイナリコードを再現可能なソースコードを同梱する」とは、製品のために開発したソフトウェアのソースコードも同梱・開示することになります。しかし、できるだけソース開示したくないと考える企業も多いでしょう。その場合、著作権の基本をきちんと押さえて、ソフトウェアを著作物単位で捉えて、そのライセンス条件に対応する必要があります。

しかし、多くの企業ではプログラマに対して、特許教育を実施するところは多くても、著作権教育を実施しているところはまれです。きちんとした著作権教育を行ってスキルを醸成することが必要です。もしそのような余裕がない場合には、専門家に相談しましょう。

# 第8章 さまざまなオープンソースの実例

オープンソースソフトウェアには、Linuxをはじめとしてさまざまなものが存在しており、いろいろな目的で使用されています。また、オープンソース以外のオープンなコミュニティも活動が広まっています。

本章では、さまざまなオープンソースや、オープンな活動について紹介します。

# Linuxディストリビューション

Linuxディストリビューションを入手してインストールすることで、Linuxやオープンソースソフトウェアを使う環境を簡単に構築できます。

現在、さまざまなLinuxディストリビューションが提供されていますが、それぞれどのような特徴を持っているのか解説します。

## Linuxディストリビューションとは

Linuxディストリビューションは、Linuxカーネルと各種ソフトウェアを組み合わせて使えるようにしたものです。ソフトウェアは、オープンソースのものがほとんどです。

インストーラーを起動してインストールが行えるように起動可能なCDやDVDの形式になっており、ディストリビューションという名前の意味の通り、それらを「配布」しています。実際には、ISO形式のイメージファイルをダウンロードして、必要に応じてCDやDVDなどの物理的なメディアを作成してインストールに使います。

## ディストリビューションの違いとなるポイント

ディストリビューションに含まれるのはLinuxカーネルと各種オープンソースソフトウェアなので、構成要素に大きな違いはなく、違いを生み出すことが難しそうに思えますが、実際には各ディストリビューションはそれぞれ性格が異なっています。では、どのような点で違いが生み出されているのでしょうか。

### ◆用途

ディストリビューションの用途は厳密に決まっているわけではありませんが、サーバー向け、デスクトップ向け、組み込み／IoT向けなど、主な用途を決めてディストリビューションは開発されています。

また、ビジネス用途で使うためにバージョンが固定されて長期的にサポートが提供されるものがある一方、ディストリビューション開発のために新しいバージョンのソフトウェアをいち早く取り入れるものなど、サポートや安定性の違いもあります。

### ◆ユーザーインターフェース

見てわかる最も大きな違いは、システムを利用するためのユーザーインターフェースでしょう。Linuxのシステムは文字ベースで操作するCUI(Character User Interface)と、グラフィカルな画面をマウスで操作するGUI(Graphical User Interface)があります。大きく異なるのはGUIです。

GUIは、サーバーはもちろん、デスクトップとして使う際に使い勝手を大きく変える要素になります。デスクトップ環境については別の節で詳しく説明します。

### ◆パッケージ管理ツール

ディストリビューションは、各ソフトウェアをパッケージという単位で管理しています。このパッケージのインストールや削除などを行うのがパッケージ管理ツールです。

パッケージにはRPM形式とDEB形式、そのほかの形式に分かれており、ツールも複数用意されています。

## ◆パッケージング

パッケージを作成することをパッケージングと呼びます。パッケージはソースコードをもとに、各種設定などを追加してソースパッケージを作成し、さらにビルドを行ってバイナリパッケージを作成します。そのため、どのバージョンのソースコードを取り込むか、どのような設定を行うかによって、最終的なパッケージがどのようなものになるかは大きく異なります。

ディストリビューションはそれぞれ、できるだけ新しいものを採用する、最新ではないが安定しているものを採用するなど、異なるポリシーでパッケージングを行っています。

## ◆パッケージの依存関係

各パッケージは単体で動作するのではなく、連動して動作します。たとえば、アプリケーション本体と、さまざまな機能を提供するライブラリは連動して動作する必要があります。これを「依存関係」と呼びます。

依存関係があるため、アプリケーションのバージョンを新しいものにすると、ライブラリのバージョンも新しいものにする必要が出てきます。バージョンが変わると動作も変わってくる可能性があるため、長期的にサポートを提供する必要がある場合には基本的にソフトウェアのバージョンは固定したままにして互換性を確保します。これが次に説明するアップデートとリリースに関係してきます。

## ◆アップデートとリリース

ディストリビューションは、セキュリティ対策やバグ修正のためにパッケージを常にアップデートし続けています。アップデートが提供されるタイミングはディストリビューションによってそれぞれ異なっています。

また、ディストリビューション全体として大きく入れ替えを行うタイミングがあり、これをリリースと呼んでいます。半年に1回など定期的にリリースを行うもの、継続的なアップデートをすることでリリースを行わないものなど、リリースポリシーもディストリビューションによって大きく異なっています。

## RPM系のディストリビューション

日本国内でビジネス用途で人気があるのがRed Hat Enterprise Linux（RHEL）です。RHELをはじめ、パッケージがRPM形式で提供されているものをここではRPM系として紹介します。

### ◆Red Hat Enterprise Linux

Red Hat社が開発しているビジネス向けのディストリビューションです。アップデートパッケージと技術サポートが提供されるサブスクリプション型で提供されています。日本国内でのシステム構築では、サポートが提供されているものを使わなければならないという制約が多いため、業務用途のシステム構築でよく採用されています。

### ◆CentOS／CentOS Stream

RHELのパッケージから商標（「Red Hat」などの文言）や商用ソフトウェアを抜いてビルドし直した、ほぼRHEL互換のディストリビューションです。このようなものを「クローン」と呼ぶこともあります[※1]。もともと独自のコミュニティで開発

※1　CentOSのFAQには「CentOS Linux is NOT a clone of Red Hat® Enterprise Linux.」（CentOSはRed Hat® Enterprise Linuxのクローンではない）と書かれています。

されていましたが、途中からRed Hat社が開発の支援を行うようになりました。

ＲＨＥＬと技術的なノウハウが共通であることから人気がありましたが、多くのユーザーが無償版のCentOSを利用するためビジネスに貢献していないという理由から、ＲＨＥＬがリリースされた後にビルドし直してCentOSがリリースされるスタイルをとりやめて、パッケージのアップデートを続けるローリングアップデートを行う「CentOS Stream」の開発が継続されていくことになりました。

### ◆Fedora

新しいバージョンのソフトウェアをいち早く取り入れていくディストリビューションです。Red Hatが支援しています。従来はＲＨＥＬの開発版として位置付けられていました。

### ◆Red Hat系のディストリビューションの関係について

Red Hat系のディストリビューションには、ＲＨＥＬ、CentOS／CentOS Stream、Fedoraと複数のディストリビューションが存在しているため、その関係がわかりにくなっています。ただ、通常の業務で使用するのであれば、ＲＨＥＬの無償版のような位置付けだったCentOSはなくなるので、基本的にはＲＨＥＬだけを見ておけばよいでしょう。

CentOS Streamは、ＲＨＥＬの開発版のような位置付けになりますが、CentOS Streamでの開発成果がすべてＲＨＥＬに取り込まれるわけではないようです。特定のソフトウェアの新しいバージョンを試すのにCentOS Streamが使えるなら試してみるなど、事前検証用に使うのが適しているようです。

## CentOSの後継ディストリビューション

CentOSがリリースされなくなることになったため、さまざまなＲＨＥＬクローンのディストリビューションが注目されています。

### ◆Rocky Linux

Rocky Linuxは、CentOSプロジェクトの創設者が主導して開発しているＲＨＥＬクローンのディストリビューションです。ＲＨＥＬとバグまで１００％同じというクローンを目指して開発が行われています。開発はコミュニティとして行っていますが、「Rocky Enterprise Software Foundation」という団体が支援を行っており、寄付や企業からの支援などを受けています。

### ◆AlmaLinux

AlmaLinuxは、CloudLinux社が開発しているRHELクローンのディストリビューションです。CloudLinux社は、RHELをベースとしたCloudLinux OSを開発していましたが、CentOSの後継を狙って立ち上げたのがAlmaLinuxとなります。これまでのRHELベースでのディストリビューションの経験・実績や、商用サポートも提供されていることなどから、有力なCentOS後継候補です。

### ◆Oracle Linux

Oracle Linuxは、商用データベースで高いシェアを持っているOracle社が開発しているRHELクローンのディストリビューションです。Linux版のOracleを動作させるOSとしてサポート対象になっていることや、Oracle社のクラウドサービスでも利用できるなど、Oracleを利用する業務システムで採用しやすいディストリビューションです。開発・提供自体はかなり以前から行われていましたが、CentOSがなくなることによってCentOS後継として注目されるようになりました。

## SUSE Linux

ＳＵＳＥ（スーゼ）が開発しているディストリビューションです。ＲＰＭ形式のパッケージを利用していますが、ＲＨＥＬなどとの直接的な関係はありません。

### ◆SUSE Linux Enterprise Server

主な製品はサーバー用途の「SUSE Linux Enterprise Server（ＳＬＥＳ）」です。いわゆるＩＡサーバー以外に、ＩＢＭの大型コンピュータであるzSeriesで動作したり、世界的に使われている業務用パッケージのＳＡＰと相性が良い（ＳＵＳＥもＳＡＰもドイツ企業）など、独自のマーケットを築いているのも特長です。

### ◆openSUSE

openSUSEは、SLESをベースに開発されているコミュニティ版のディストリビューションです。GUIで設定が行えるYaSTが提供されているなど、主にデスクトップ用途での利用がしやすいディストリビューションとなっています。

## Debian系のディストリビューション

Debian GNU/LinuxやUnuntuなど、パッケージがDEB形式で提供されているDebian系のディストリビューションです。

### ◆Debian GNU/Linux

名前にGNUと入っている通り、LinuxとGNUのフリーソフトウェアを中心に開発されているディストリビューションです。原則フリー(自由)なソフトウェアしかディストリビューションに含めない、というポリシーで開発が行われています。

### ◆Ubuntu

Ubuntu（ウブンツ）は、Canonical社が開発しているDebian GNU/Linuxベースのディストリビューションです。商用を意識したディストリビューションのため人気が高く、サーバーOSのシェア調査では上位に入るぐらい多くのシステムで採用されています。

最近ではAI／機械学習、OpenStackやKubernetesといったクラウド環境構築のソフトウェアがUbuntu上で開発されているため、これらの用途で使う際にUbuntuが選ばれることが多いようです。

## そのほかのディストリビューション

そのほかのディストリビューションとして、Gentoo LinuxやArch Linux、Linux From Scratchなど、さまざまなディストリビューションがあります。これらのディストリビューションは、Red Hat系、SUSE、Debian系などと異なり、自分で環境を構築していくDIYなテイストを残したディストリビューションといえるでしょう。これらのディストリビューションにもぜひ触れてみてください。

## Android

Androidは、Google社が開発しているスマートフォン・タブレット向けのＯＳですが、カーネルにはLinuxが採用されています。以前はLinuxカーネルのソースコードをフォーク（分岐）して独自に開発が行われていましたが、今ではLinuxカーネルのメインのソースコードにきちんと取り込まれる（マージされる）ようになっています。

## Chrome OS

Chrome OSは、Google社が開発しているChromebook用のＯＳです。カーネルにLinuxを採用しています。Chrome OSはChromebookにプリインストールでしか使えませんが、開発版としてChromium OSが公開されており、通常のＰＣにインストールすることもできます。

# BSD系のOS

オープンソースの代表的なOSとしてLinuxディストリビューションを紹介しましたが、もちろんLinux以外のオープンソースなOSは存在しています。

ここでは、BSD(Berkeley Software Distribution)系のOSを紹介します。

## BSD系のOSとは

BSD系のOSは、AT&Tのベル研究所で開発されたUnixのソースコードをベースに、カリフォルニア大学バークレー校(University of California, Berkeley)で改良が行われたUnixの流れを汲むOSです。BSDのUnixは、サン・マイクロシステムズの商用UnixであるSunOSに採用されるなど、広がりを見せていました。

その後、インテルアーキテクチャ(IA)のCPUを搭載しているPC上で動作するように移植が行われるようになり、いくつかのBSD系のOSが誕生しました。

## 386BSD

ＩＡの32ビットＣＰＵである３８６上で動作するＢＳＤ系ＯＳです。ＡＴ＆Ｔのライセンスの制約なく自由に配布できるようになった、オープンソースな最初のＢＳＤ系ＯＳといえます。ただし、訴訟問題でその後、公開できなくなるなどしたことで、Linuxが大きく伸びていくことにもなってしまいました。

２０１６年にあらためてソースコードが公開されたので、今でもソースコードを入手することができます。

●GitHubで公開された386BSD

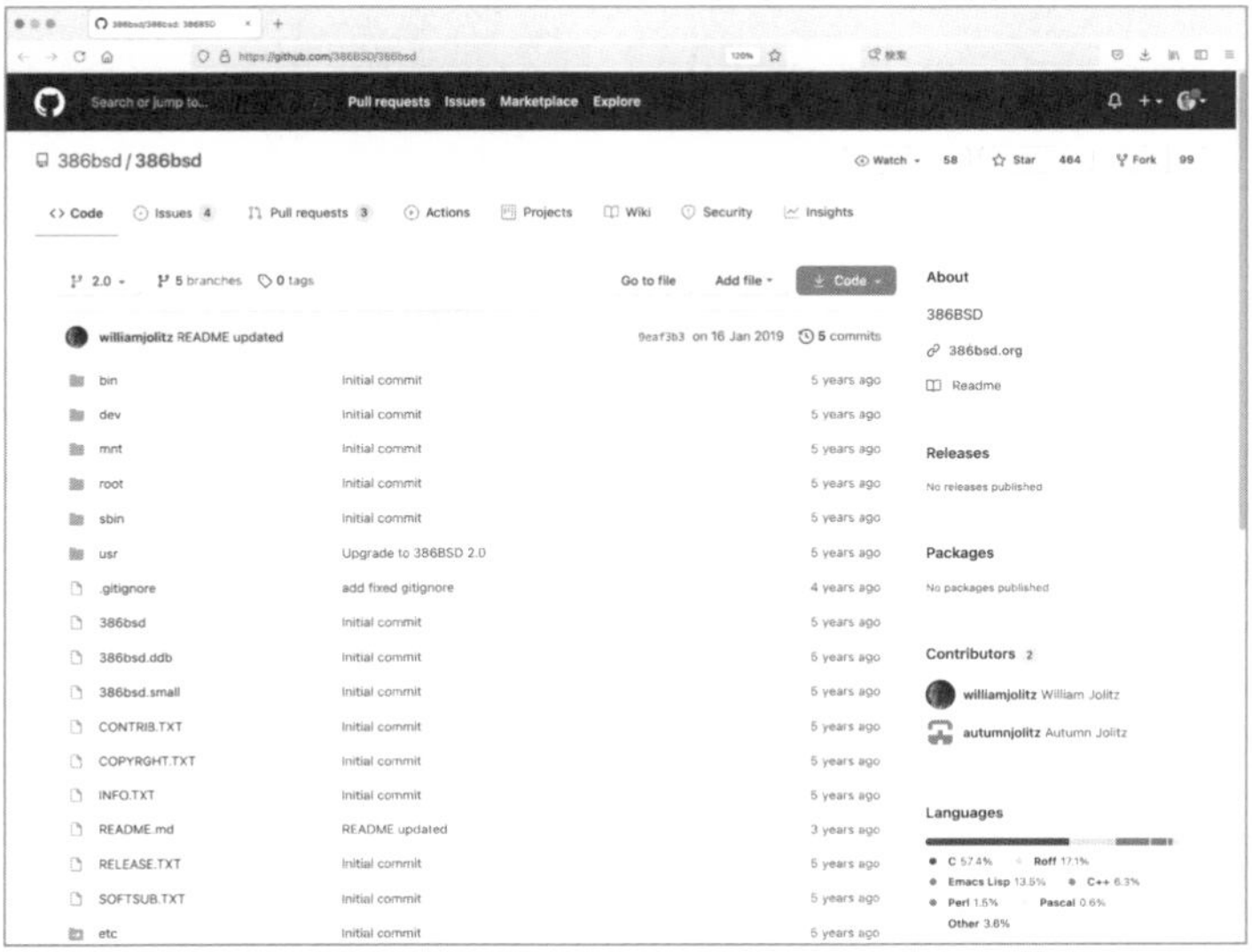


※https://github.com/386BSD/386bsd

## NetBSD

ＩＡのＣＰＵで動作するＢＳＤ移植である３８６ＢＳＤの流れを汲むＯＳです。現在ではＩＡ以外のさまざまなアーキテクチャに移植されています。

## FreeBSD

同じくＢＳＤ系のUnixの流れを汲むＯＳです。サーバーなどで採用されることが多くありましたが、近年ではLinuxに置き換えられるケースも増え、シェアは低下してしまっています。

## OpenBSD

NetBSDから派生して開発されているＯＳ

◉OpenSSHのWebサイト

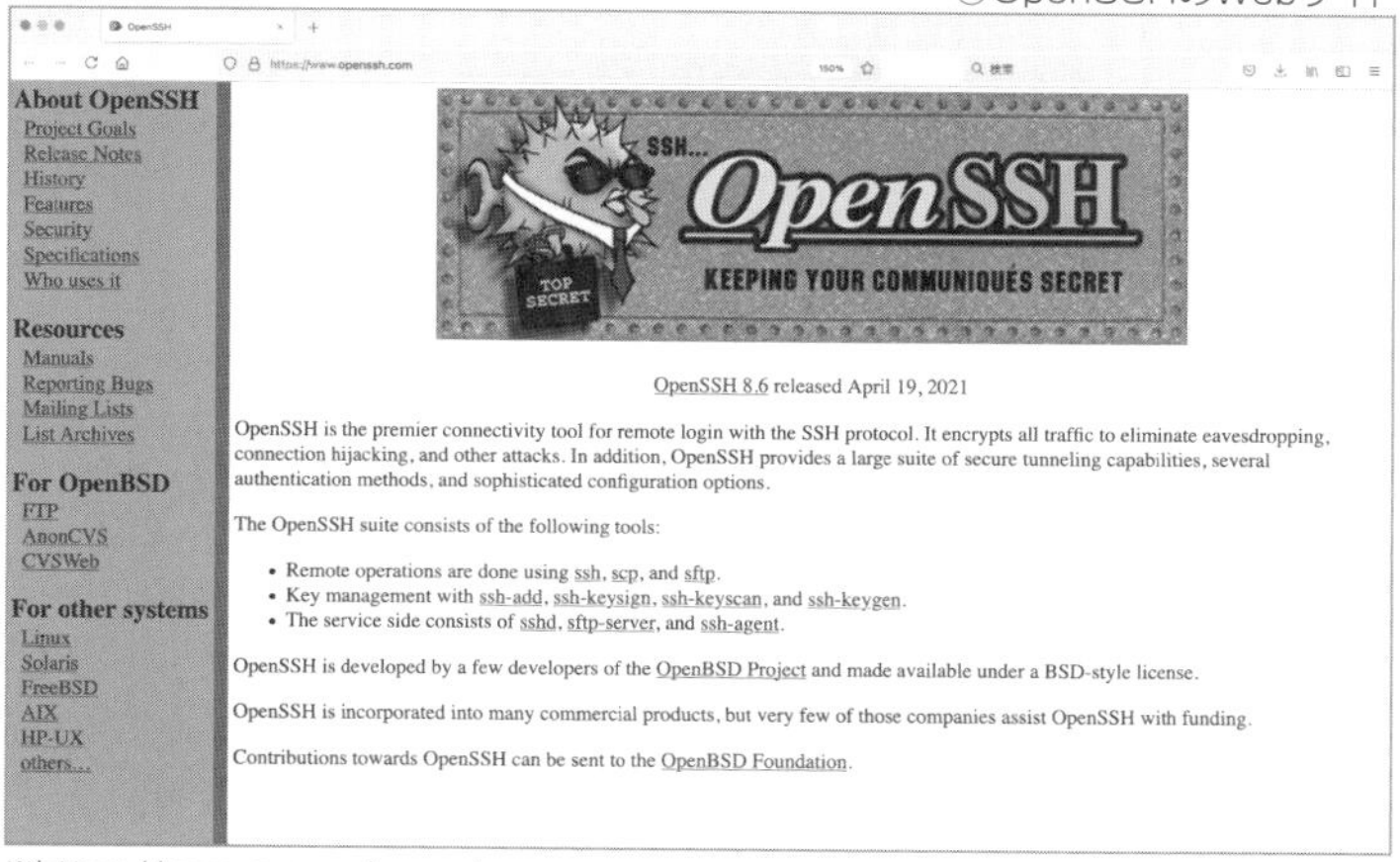
About OpenSSH
Project Goals
Release Notes
History
Features
Security
Specifications
Who uses it
Resources
Manuals
Reporting Bugs
Mailing Lists
List Archives
For OpenBSD
FTP
AnonCVS
CVSWeb
For other systems
Linux
Solaris
FreeBSD
AIX
HP-UX
others...
SSH...
OpenSSH
KEEPING YOUR COMMUNIQUÉS SECRET
TOP SECRET
OpenSSH 8.6 released April 19, 2021
OpenSSH is the premier connectivity tool for remote login with the SSH protocol. It encrypts all traffic to eliminate eavesdropping, connection hijacking, and other attacks. In addition, OpenSSH provides a large suite of secure tunneling capabilities, several authentication methods, and sophisticated configuration options.
The OpenSSH suite consists of the following tools:
• Remote operations are done using ssh, scp, and sftp.
• Key management with ssh-add, ssh-keysign, ssh-keyscan, and ssh-keygen.
• The service side consists of sshd, sftp-server, and ssh-agent.
OpenSSH is developed by a few developers of the OpenBSD Project and made available under a BSD-style license.
OpenSSH is incorporated into many commercial products, but very few of those companies assist OpenSSH with funding.
Contributions towards OpenSSH can be sent to the OpenBSD Foundation.

※https://www.openssh.com/

です。セキュリティに力を入れる開発方針をとっています。リモートログインを行うために使われるソフトウェア「OpenSSH」は、OpenBSDプロジェクトで開発され、ほかのＯＳに広まりました。

## macOSもBSD系

ＢＳＤ系のＯＳの中で現在、最も使われているのはアップルのＯＳではないでしょうか。macOSのＯＳのコアは「Darwin」としてソースコードが公開されています。アップルが買収したNeXTのＯＳであるNeXTSTEPをベースに、Mac OS X（現在はmacOSに名称変更）としてリリースされました。NeXTSTEPのカーネルはＢＳＤ系の流れを汲んでおり、DarwinもＢＳＤ系のＯＳの一種と分類されています。

### ◆iOSそのほかもBSD系

macOSで採用されたDarwinは、アップルがリリースしているそのほかのＯＳでもコアとして活用されています。iPhoneのＯＳであるiOSのほか、iPad OSやwatchOS、tvOSなどでもDarwinが活用されています。

台数という点では、iOSが一番多いかもしれません。

◉DarwinをもとにしたPureDarwinプロジェクトのWebサイト

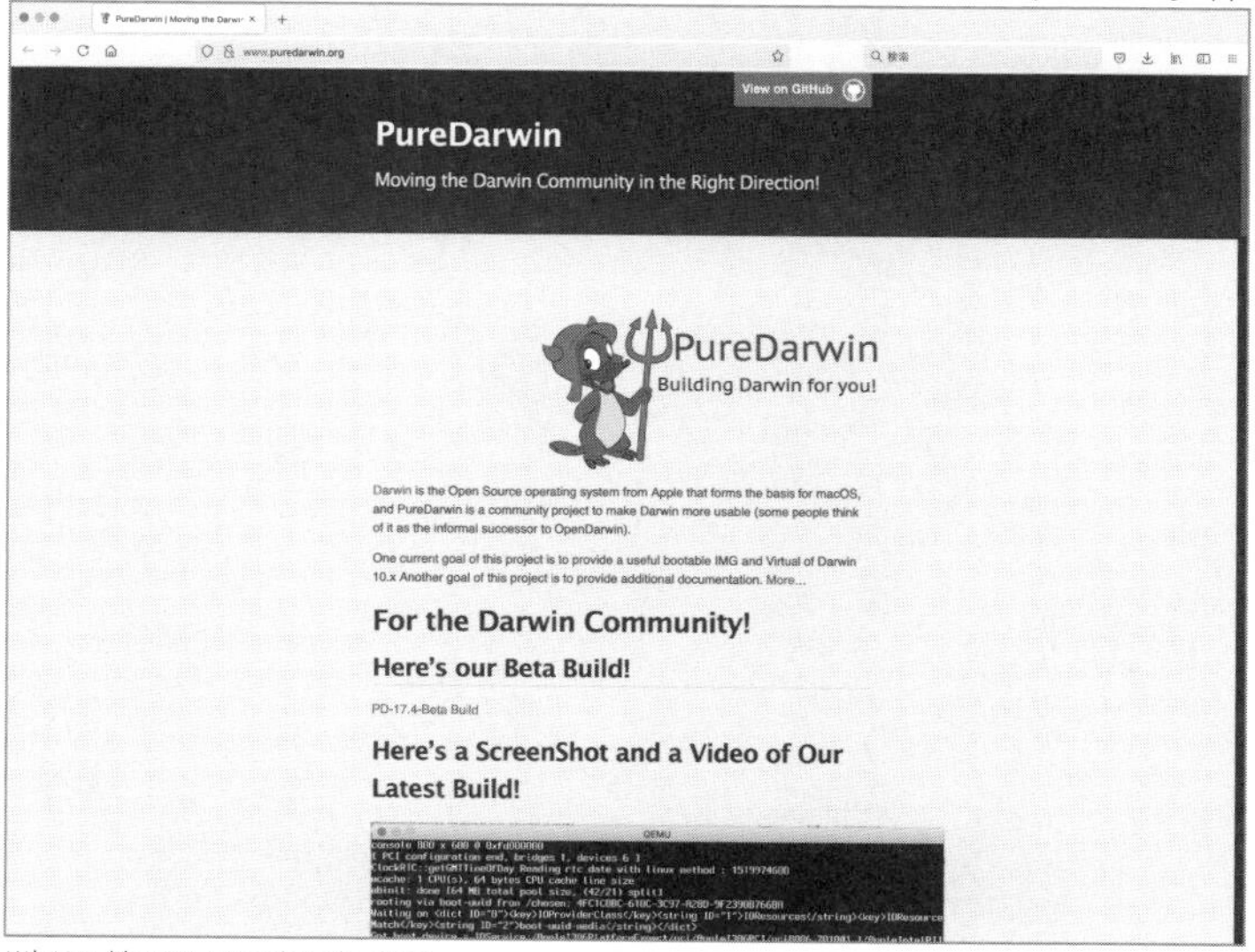
www.puredarwin.org
View on GitHub
PureDarwin
Moving the Darwin Community in the Right Direction!
PureDarwin
Building Darwin for you!
Darwin is the Open Source operating system from Apple that forms the basis for macOS, and PureDarwin is a community project to make Darwin more usable (some people think of it as the informal successor to OpenDarwin).
One current goal of this project is to provide a useful bootable IMG and Virtual of Darwin 10.x Another goal of this project is to provide additional documentation. More...
For the Darwin Community!
Here's our Beta Build!
PD-17.4-Beta Build
Here's a ScreenShot and a Video of Our Latest Build!
QEMU

※http://www.puredarwin.org/

# データベース

データベースは、さまざまなアプリケーションのデータを保管し、必要に応じて取り出す役割を担う、なくてはならないソフトウェアです。そのため、オープンソースソフトウェアの中ではかなり初期のころから利用者が多いジャンルとなります。

本節ではオープンソースのデータベースについて解説します。

## 商用製品の置き換えから利用が広がる

もともと、オープンソースが低コストなシステム構築で使われるようになった経緯もあり、データベースも商用製品の代替品として使われることが多くありました。

データベースとの組み合わせとして、ＯＳにLinux、ＷｅｂサーバーにApache Webサーバー、データベースにMySQL、開発言語にＰＨＰを組み合わせることが多かったので、頭文字を取って「ＬＡＭＰ」と呼んだり、データベースにPostgreSQLを使う場合には「ＬＡＰＰ」と呼ばれていました。

当初はライセンスコストを安くするための代替ソリューションでしたが、徐々にWebアプリケーション開発を行う際のデファクトスタンダードな環境となっていき、今ではWebアプリケーション開発を最初に学習するときにはこれらの組み合わせを利用するのも当然のことになっています。

## MySQL

MySQLは、オープンソースで開発されているデータベースの中では、最もシェアの大きいものです。当初は、機能は控え目だが軽量、高速な点が人気の理由でした。その後、データ更新の機能が強化されたり、「クラスタ」と呼ばれる複数のデータベースを用意して性能や耐障害性を高める機能が備わり、より大規模なシステムでもMySQLを採用するケースが増えました。

### ◆MySQLのデュアルライセンス

MySQLのライセンスは、基本的にはGNU GPLでライセンスされていますが、有償サポート版も提供されており、MySQLをアプリケーションに組み込んで販売を行いたい場合には有償サポート版を購入する必要があります。このように、オープンソースのライセンスと、商用ライセンスの2種類が選択できる方式を「デュアルライセンス」と呼びます。

ＧＮＵ ＧＰＬでライセンスされているものは「MySQL Community Edition」、商用ライセンスのものは「MySQL Standard Edition」や「MySQL Enterprise Edition」と分けて提供されています。

## ◆MariaDB

MySQLはもともとMySQL ABという企業が開発していましたが、２００８年にMySQL ABをサン・マイクロシステムズが買収しました。さらに２０１０年にはサン・マイクロシステムズをオラクルを買収しました。これらの動きに対して、MySQLのオリジナル開発者であるMichael Widenius氏が２００９年にMySQLのソースコードを派生（フォーク）して開発を始めたのがMariaDBです。MariaDBはＧＮＵ ＧＰＬでライセンスされています。

当初はMySQLを改良版という形で開発を進めていましたが、徐々にMariaDB独自の実装を行うようになっていきました。ただし、MySQLとインターフェースの互換性を保っているので、利用者は基本的にMySQLと同じようにMariaDBを利用できるようになっています。

## PostgreSQL

PostgreSQLも、MySQLと並んで人気のあるオープンソースのデータベースです。PostgreSQLはANSI標準のSQLをサポートしたり、商用製品にあるような各種機能を実装するなど高機能な方向性で開発が行われています。そのため、MySQLに比べると商用製品に近い機能性を備えていたこともあって、商用製品の代替として利用されることが多いデータベースです。

PostgreSQLは、The PostgreSQL Licenceという独自のライセンスで提供されています。もともとカリフォルニア大学バークレー校で開発されていたIngresというデータベースの流れを汲んでおり、BSDライセンスで提供されていたので、BSDライセンスに近いライセンスとなっています。

### ◆PostgreSQLの商用製品

データベース製品は業務システムで使われるため、商用サポートのニーズが比較的高いといえます。そのため、PostgreSQLをベースとしたさまざまな商用製品が提供されています。

SRA OSS社は、PostgreSQLをベースにしたパッケージ「PowerGres」を提供しており、日本国内でのサポートが手厚いことが特長です。

EnterpriseDB社は、PostgreSQLにさまざまな機能を追加した「EDB Postgres Advanced Server」を提供しています。商用製品であるOracleとの互換性を特長の1つとしています。

## そのほかのデータベース

MySQLやPostgreSQLは「リレーショナルデータベース」と呼ばれる種類のデータベースですが、ほかにもさまざまな種類のデータベースがあり、かつオープンソースで開発、利用されているものがあります。ここでは特によく利用されているものをいくつか紹介します。

### ◆MongoDB

MongoDBはリレーショナルデータベースではないという意味で「NoSQL」、あるいはデータをドキュメント型で格納する「ドキュメント指向データベース」に分類されます。高速で検索できることや、アプリケーションでそのまま使えるＪＳＯＮ形式でデータを扱えることが人気の理由でしょう。

MongoDBは「ＳＳＰＬ(Server Side Public License)」でライセンスされています。

### ◆Redis

RedisはNoSQLなデータベースのうち、Key-Value型と呼ばれるデータベースです。シンプルな構造でデータを格納するため、高速に検索が行えるのが特長で、たとえばＷｅｂサービスのＩＤ管理(メールアドレスなど)に多く利用されています。

RedisはＢＳＤライセンスでライセンスされています。

### ◆SQLite

SQLiteはリレーショナルデータベースです。非常に小型のため、アプリケーションに組み込んで使われます。

SQLiteはPublic Domainで配布されています。Public Domainとは、著作権が消滅していたり、著作権が放棄されている状態のことです。

### ◆Apache Cassandra

Apache CassandraはNoSQLなKey-Value型の分散データベースです。より大規模なシステムでの利用を想定したアーキテクチャとなっています。

Apache CassandraはApache Licensesでライセンスされています。

# 開発言語

アプリケーション開発を行う各種開発言語は、コンパイラや実行環境がオープンソースで開発されているものが多くあります。

本節ではさまざまな開発言語について、オープンソースという観点で紹介します。

## GCC

オープンソースのコンパイラとして最も有名なのはGCCでしょう。GCCは当初、C言語のコンパイラとして1985年に登場しました。そのため、名称は「GNU C Compiler」でした。GCCはさまざまなプロセッサに対応していたため、ソフトウェア（主にGNUのソフトウェア）をさまざまなプラットフォームに移植するために有用なコンパイラでした。

また、このようなコンパイラがあることで、「Linuxカーネルをはじめ、そのほかのソフトウェアの開発も容易になった点も含めて重要なソフトウェアといえます。

現在ではC言語以外にさまざまな言語のコンパイルをサポートしているため、名称は「GNU Compiler Collection」とされています。サポートされている言語は次の通りです。

- C
- C++
- Objective-C
- Fortran
- Ada
- Go
- D

## PHP

PHPは、プログラムでWebページを動的に生成することが容易に行える点で人気がある言語です。HTMLの一部分だけをPHPで書くことができるので、Webページのデザインとアプリケーションを融合させるのが容易です。

たとえば、ＨＴＭＬやＣＳＳをＷｅｂデザイナーが作成し、アプリケーションで動的に生成したい部分にプログラマが記述したプログラムを埋め込むことで動的ページが開発できます。

## ◆LAMP／LAPP

ＰＨＰは、Linuxの普及期に「ＬＡＭＰ」（ランプ）という組み合わせでよく利用されました。ＬはLinux、ＡはApache Webサーバー、ＭはMySQL、ＰはＰＨＰです。データベースのMySQLをPostgreSQLにしたときには「ＬＡＰＰ」（ラップ）と呼びます。この組み合わせは、今でもＷｅｂアプリケーション開発の基本的な構成としてよく利用されています。

ＰＨＰの実行環境は、Apache Webサーバーに組み込めるモジュールとしても提供されています。このあたりの手軽さも人気の1つといえるかもしれません。

## Python

Pythonは、わかりやすさを重視した言語として人気があります。Ｗｅｂアプリケーションの開発にも使えますが、ＡＩのアプリケーション開発や、Raspberry Piのようなワンボードコンピュータと電子工作を組み合わせるときのプログラミング言語としても活用されています。

### ◆ＡＩで人気のあるPython

Pythonが人気のあるジャンルとしての代表例はＡＩアプリケーション開発でしょう。ＡＩの開発の場合、機械学習や深層学習などを行わせるためのライブラリを活用することが多く、Pythonではそれらのライブラリが揃っていることや、Pythonのプログラミング記述が容易なため、各種処理を呼び出すだけでＡＩアプリケーションが開発できることなどが人気の理由ではないでしょうか。

Pythonで使えるＡＩのライブラリとしては、TensorFlow、Keras、PyTorchなどがあります。これらのライブラリもオープンソースで開発されています。

### ◆Raspberry Piでも活用

Raspberry Piは、子供向けのプログラミング教育でよく使われるワンボードコンピュータです。OSはLinuxが動作し、プログラミング学習の言語にはPythonが使われています。

Raspberry PiにはGPIO(General Purpose Input/Output)というインターフェースがあり、簡単に外部と電気信号のやり取りが行えるので、電子工作をプログラミングで制御するようなこともPythonを使って簡単に行えます。

◉Raspberry Pi

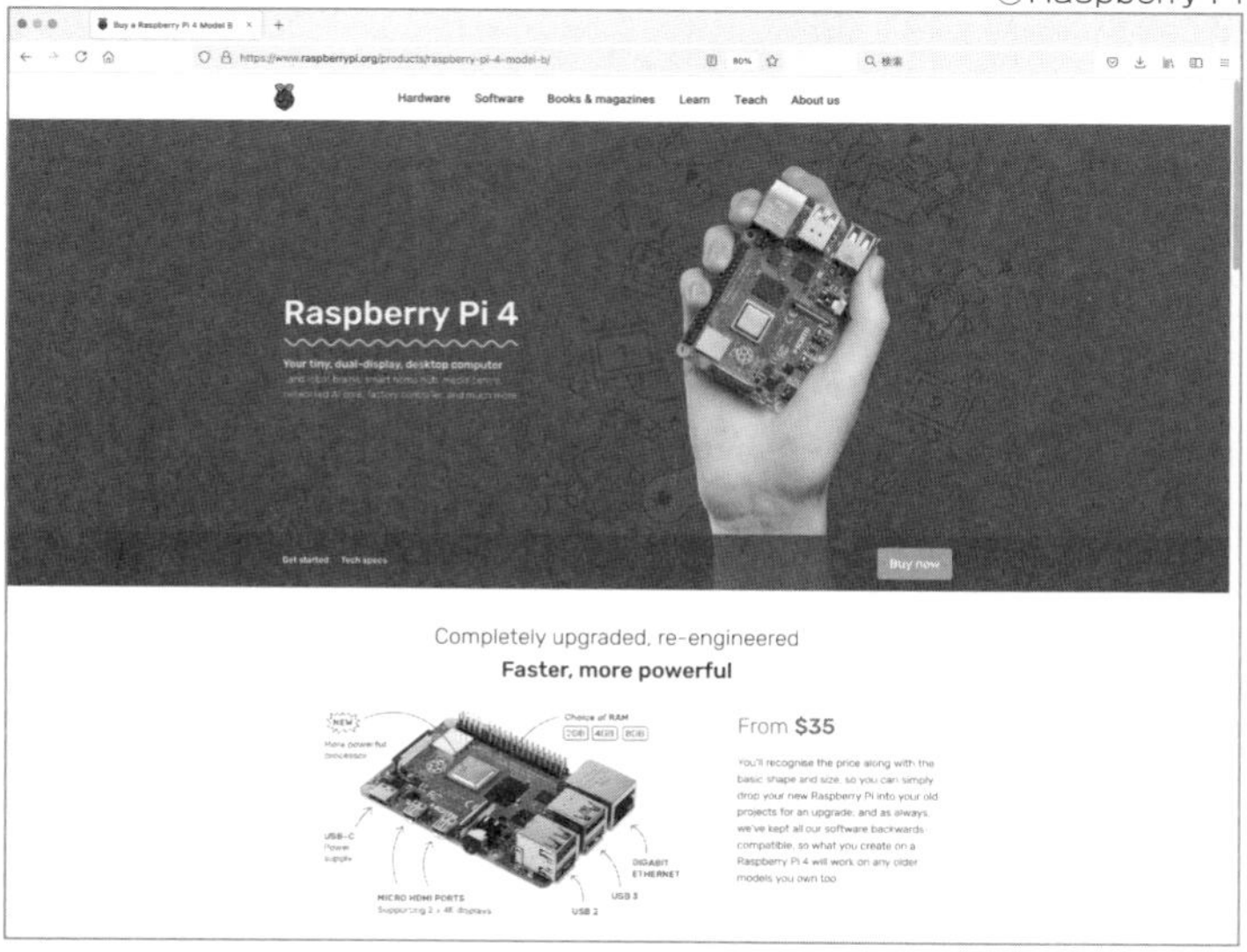


※https://www.raspberrypi.org/products/raspberry-pi-4-model-b/

## Ruby

Rubyは、日本人であるまつもとゆきひろ氏が開発していることでも知られているプログラミング言語です。「Ruby on Rails」というフレームワークが出てきたことで、幅広くＷｅｂアプリケーション開発に使われるようになりました。

### ◆Ruby on Rails

Ruby on Railsは、RubyでＷｅｂアプリケーションを開発するためのフレームワークです。ほかの言語に比べてＷｅｂアプリケーションの開発効率が良いと評価され、広く普及しました。Ruby on Railsを使いたいので開発言語としてRubyを覚える開発者もいるほどです。

## Java

Javaは、さまざまなプログラムの開発に使われている開発言語です。開発に利用するＪＤＫ(Java Development Kit)はOpenJDKとしてオープンソースで開発されています。これまではJavaの開発元であるOracle社がＪＤＫ(通称Oracle JDK)を提供していましたが、商用利用するには有償サポート契約が必要となったため、多くのJava開発者がOpenJDKのディストリビューションの利用を検討するようになりました。ディストリビューションによって互換性やサポートなどに違いがあるので、目的に応じて適切なものを選ぶ必要があります。

## そのほかの開発言語

主要な開発言語を紹介しましたが、そのほかの開発言語も現状では多くがオープンソースソフトウェアとして提供されています。言語仕様や実行環境の実装などに特徴のある言語がたくさんあるので、いろいろと調べたり、触ってみるとよいでしょう。

# Webアプリケーション

Webアプリケーションは、Linuxをはじめとしたオープンソースソフトウェアの用途として、大きな割合を占めています。たとえば、ここまで何度か出てきている「LAMP」は、Webアプリケーションを開発、実行するための環境である、Linux、Apache Webサーバー、MySQL、PHPの頭文字を取ったものです。

本節では、Apache Webサーバーをはじめとした Webアプリケーション実行環境と、Webアプリケーションのオープンソースについて解説します。

## Apache Webサーバー

Apache Webサーバーは、もともとNCSA HTTPdとして開発されていたWebサーバーを引き継いでオープンソースで開発されているWebサーバーです。現在はApache Foundationという組織のもとで開発プロジェクトとして開発されています。正式には「Apache HTTP Server」ですが、本書ではわかりやすくApache Web

サーバーと表記しています。

## ◆Linuxとの組み合わせで利用者急増

Apache Webサーバーの開発がスタートしたのが1995年です。インターネットが商用化されて一般に開放された時期、そしてLinuxが本格的に利用され始めたのが1990年代後半と、需要が高まる時期が一致しています。LinuxとApache Webサーバーの組み合わせでWebサイトを構築することが徐々に標準になっていくことで、大きく利用者を増やしていきました。

## ◆モジュール形式で各種機能に対応

Apache Webサーバーは、さまざまな機能を「モジュール」として読み込むことで機能を拡張していくことができるようになっています。初期のころは外部でプログラムを実行させる「CGI」(Common Gateway Interface)を使っていましたが、モジュールにすることによって高速に処理が実行できるようになりました。

モジュールにはSSL/TLSのようなHTTPS暗号化通信を可能にするも

のや、PHPなどのアプリケーションの実行環境など、さまざまなモジュールが提供されています。

## NGINX

NGINX(エンジンエックス)は、Apache Webサーバーと人気で1、2を争うWebサーバーです。高性能で軽量、たくさんのWebアクセスを処理する方向で開発されているところが大きな違いです。

もともとWebアクセスなどの負荷分散を行うリバースプロキシー機能を備えていたこともあり、現在でも単なるWebサーバーとしてだけでなく、ロードバランサーやWebキャッシュとしての使い方も多く行われています。

そのような性質からか、現在は商用ロードバランサーベンダーのF5社のもとで開発が行われています。

## Node.js

Node.jsは、サーバー側でJavaScriptのプログラムを実行するための環境です。

JavaScriptは主にWebブラウザ上で実行され、動的なWebページを実現するのに使われる開発言語ですが、そのJavaScriptをサーバー側で実行するのがNode.jsです。Node.js自体はシンプルなアプリケーション実行環境なので、NGINXのようなWebサーバーと組み合わせて実行することが多いようです。

### Apache Tomcat

Apache Tomcatは、Javaアプリケーションを実行する環境を備えたWebアプリケーションサーバーです。名前からわかるように、Apache Foundationの開発プロジェクトとして開発が進められています。

### JBoss(WildFly)

JBoss(WildFly)は、Javaアプリケーションを実行する環境を備えたWebアプリケーションサーバーです。Red Hat社のもとで開発が進められており、同社の商用ソリューションである「JBoss Enterprise Application Platform」と区別するため、WildFlyという名称に変更されています。

## WordPress

WordPressは、ブログなどのコンテンツを管理するＷｅｂアプリケーションです。ブログだけでなく、企業のＷｅｂサイトなどの構築にもよく利用されています。WordPressは開発言語にＰＨＰ、データベースにMySQLを使用しており、ＬＡＭＰのようなＷｅｂアプリケーション実行環境で動作する典型的なＷｅｂアプリケーションといえます。

### ◆WordPressのプラグイン／テーマのライセンス問題

WordPressはプラグインで機能を拡張したり、テーマで見た目をカスタマイズしたりすることができます。WordPress自体はＧＰＬでライセンスされているため、WorePress本体に組み込んで一体として使用するプラグインやテーマのライセンスが問題になります。

WordPressコミュニティが運営している公式ディレクトリに掲載する場合には、ソースコードや画像そのほかがＧＰＬ、あるいはＧＰＬ互換でライセンスされた「１００％ ＧＰＬ」である必要があります。

一方で、画像などをＧＰＬ互換でライセンスできない場合もあり、ソースコードのライセンスと別々になってしまうことから「スプリットライセンス」と呼んでいます。スプリットライセンス自体はＧＰＬ違反ではありませんが、WordPressの公式ディレクトリには掲載できないことになります。また、オープンソースとしてのWordPressコミュニティでは１００％ ＧＰＬが重要だと考えられています。

● 「100% GPL」とは

URL https://ja.wordpress.org/about/license/100-percent-gpl/

# デスクトップ／オフィス製品

オープンソースソフトウェアの用途は、ネットワークに接続されるサーバー、あるいはAndroidなどのスマートフォンが数量としては多いですが、デスクトップ用途においてもいろいろなオープンソースソフトウェアが使われています。

本節では、デスクトップ用途でのオープンソースを紹介します。

## Webブラウザ

Webブラウザは、デスクトップ用途では最も利用頻度の高いソフトウェアといえます。対応OSとして、WindowsやMacなども含まれているので、幅広くオープンソースが活用されているといえます。

### ◆Firefox

Firefoxは、オープンソースの歴史などでも触れたように、もともとNetscapeが開発していたWebブラウザ「Netscape Communicator」のオープンソース化の流れを汲むWebブラウザです。Mozilla FoundationおよびMozilla Corporationによってオープンソースによる開発が続けられており、Mozilla Public Licenseでライセンスされています。

## ◆Chrome／Chromium

Chromeは、Googleが開発しているWebブラウザです。Chromeは、すべてがオープンソースというわけではありませんが、ベースとなっているのがオープンソースの「Chromium」です。Webブラウザの核ともいえる、HTMLを解釈してページを表示するレンダリングエンジンにはオープンソースの「Blink」を使用しています。Chromiumはマイクロソフトの「Edge」などにも採用されており、Webブラウザ全体に大きな影響を及ぼしているといえます。

## LibreOffice

LibreOfficeは、ワープロ、表計算、プレゼンテーションなど、いわゆるオフィス製品と呼ばれる種類のソフトウェアです。The Document Foundationによる開発が続けられており、Mozilla Public Licenseでライセンスされています。

LibreOfficeはもともとOpenOffice.orgという名称で開発が行われていましたが、開発プロジェクトが終了後、LibreOfficeとApache OpenOfficeに分かれました。Apache OpenOfficeは開発が停滞しているため、LibreOfficeが実質的に後継プロジェクトということになります。

## ◆オープンドキュメント形式(ODF)

LibreOfficeは、オープンドキュメント形式(ODF)という国際標準で定められたファイル形式でデータを取り扱います。ODFは、現在ではマイクロソフト社のOffice製品でもサポートされており、データ互換性が向上しています。

## デスクトップ環境

WebブラウザやLibreOfficeなどは、WindowsやMacなどでも動作しますが、OSとしてLinuxなどをインストールし、WindowsやMacなどのOSに代わるデスクトップ環境を構築する場合もあります。
ここではLinuxを使ってデスクトップ環境を構築することを想定して解説します。

## ◆X Window System

X Window Systemは、Linux上で動作するウインドウシステムです。1987年から使われている、歴史のあるシステムです。名称はX Window Systemか、X、あるいはバージョンを付けてX11と呼ばれます。「Xというウインドウシステム」という意味の名称なので「X Window」という呼び方は正しくありません。

## ◆Xはクライアント・サーバー方式

Xの特徴の1つが、クライアント・サーバー方式になっていることです。

Xクライアントは、X上で動作するさまざまなアプリケーションです。Xサーバーは入出力を担当し、GUIの画面を表示したり、キーボードやマウスなどの入力を受け取ります。Xクライアントと Xサーバーの間は、ネットワークを経由して接続させることもできます。

一般的なクライアント・サーバー方式と役割が逆のように見えるので、「Xの場合には考え方が逆」「画面表示はXサーバーの役目」と覚えてしまうとよいでしょう。

### ◆X端末やXサーバー

Xには、画面表示とキーボード、マウスだけを備えた「X端末」も存在します。現在の仮想デスクトップ環境でいえば、「シンクライアント」、あるいは「ゼロクライアント」と呼ばれるものにあたります。ただ、X端末が使われることはそれほど多くありません。筆者は30年近く前の新人研修のときにX端末を少しだけ使った経験がありますが、レアな経験だったと思います。

ネットワーク経由で接続する場合には、WindowsやMac上でXサーバーを動作させてネットワーク上のLinuxに接続し、Linux上でXクライアントを実行するような形式をとります。GUIでしか動作しないアプリケーションをリモートから実行したい場合に利用できる方法として覚えておくとよいでしょう。

### ◆ウインドウマネージャーとデスクトップ環境

X自体は基本的なGUI実行環境を提供しているだけなので、より使いやすいユーザーインターフェースを提供するのはウインドウマネージャーやデスクトップ環境の役目となります。

ウインドウマネージャーは、GUIのメイン要素であるウインドウを処理するソフトウェアです。WindowsやMacのような見た目にすることもできます。ウインドウの重ね合わせを行わず並べるタイル型のようなユニークなウインドウマネージャーもあります。

デスクトップ環境は、GUIを構成する各種ツールの集合体です。代表的なものとしてGNOMEやKDE、Xfceなどがあり、それぞれ見た目や機能が異なっています。Linuxディストリビューションでは、標準的なデスクトップ環境をデフォルトでインストールしますが、デスクトップ環境を丸ごと変更することもできます。現在のデスクトップ環境の完成度はかなり高くなっており、WindowsやMacのような環境と比較しても違和感のないユーザーインターフェースを提供するようになっています。

## OSSデスクトップと「デジタルディバイド」の解消

現在、行政・公共サービスで申請書類の書式がファイルとしてダウンロードできることが多くなりました。しかし、このファイルの形式がマイクロソフトのWord用だった場合、有償のWordを使える人にしか書式を活用できません。このように、デジタル化されてもその恩恵を受けられる人と受けられない人が出てきてしまうことを「デジタルディバイド」と呼びます。

もし書式ファイルがODF形式で提供されれば、無償で利用できるLibreOfficeで読み込むことができるので、デジタルディバイドの解消が行えるでしょう。

最近では、古くなったパソコンにLinuxデスクトップをインストールし、FirefoxやLibreOfficeなどが使えるようにしたものを寄付することでデジタルディバイドを解消しようとする活動なども行われるようになっています。

# そのほかのオープンな開発コミュニティ

さまざまなオープンソースソフトウェアを紹介しましたが、ソフトウェア以外にもオープンな活動を行っているコミュニティがあります。

本節では、それらのオープンなコミュニティ活動を紹介します。

## どんなコミュニティがあるのか?

まず、どのようなコミュニティがあるのか挙げてみましょう。

### ◆オープンデータ

オープンデータは、さまざまなデータをオープンに活用できるようにしようという取り組みです。たとえば、オープンな地図データを作成している「OpenStreetMap」などのコミュニティがあります。

## ◆オープンハード

オープンハードは、さまざまなハードウェアの設計などをオープンにして共有している取り組みです。このような取り組みをしている人は「Maker」と呼ばれたりもします。ただし、いろいろなモノを自作する人たちが現れた「Makerムーブメント」があり、その成果をオープンハードとして公開する人たちがいるということで、すべてのMakerが作ったものをオープンハードとして公開しているわけではありません。Makerムーブメントを押し上げたのは、3Dプリンタをはじめとしたモノを製作するツールの登場、低価格化が背景にあります。

## ◆シビックテック

シビックとは「市民」という意味です。行政などがカバーできない、市民生活を支えるためのシステムを独自に開発しようという取り組みです。オープンソースソフトウェア＋オープンデータの特徴を持っていることが多いようです。「Code for Japan」などの取り組みがあります。

## OpenStreetMap

地図データも著作物のため、商用の地図データを使うには使用料が発生します。OpenStreetMapでは、誰でも自由に使える地図データを共同で作成しています。

地図データ作成のことを「マッピング」と呼んでいます。マッピングは、「お絵描きツール」のようなマッピングツールを使って、地形や建物などを描いていきます。そしてその対象物の名称、種類などの情報を追加していくことで地図データが出来上がっていきます。

OpenStreetMapの地図データは、

◉OpenStreetMapのWebサイト

OpenStreetMap
OpenStreetMap へようこそ!
OpenStreetMap は、あなたのような人々が作成した世界地図であり、オープン ライセンスの下で自由に利用できます。
ホスティング支援者: UCL、バイトマーク ホスティング及びその他のパートナー
詳細
マッピングを開始
ログイン
ユーザー登録

※https://www.openstreetmap.org/

アップルの地図アプリ、マイクロソフトのフライトシミュレータなどで使用されたことで有名になりました。

### Wikipedia

Wikipediaは、誰でも編集できるフリー百科事典です。コンテンツはCreative CommonsのCC BY-SAで公開されています。

フリーが「無料」ではなく「自由」という意味であるのには、GNUプロジェクトを始めたRichard M. Stallman氏が2000年12月に「The Free Universal Encyclopedia and Learning Resource」という考え方を提唱したことに影響されているなど、多くのオープンソースとの共通点があります。

### Code for Japan

Code for Japanは、市民・企業・自治体（行政）の三者が一緒になって地域の課題を解決していくことを目的に活動しているNPOです。日本以外の国にも同様の存在がありますし、また日本国内でも各地域ごとに活動を行っているCode for団体があります。

## 東京都 新型コロナウイルス感染症対策サイト

「東京都 新型コロナウイルス感染症対策サイト」はオープンデータを活用するために開発されたオープンソースであり、シビックテックの活動としてわかりやすい例として紹介します。

新型コロナウイルス感染症に関するさまざまな情報、たとえば感染者数などを一括で参照できるようにするためのサイトが必要となり、この対策サイトのWebアプリケーションが開発されました。このアプリケーションはオープンソースソフトウェアとして公開されたので、東京都以外の各自治体でも独自の対策サイトを公開されました。バグの修正や機能追加もオープンソースとしてGitHub上で行われていきました。

◉東京都 新型コロナウイルス感染症対策サイト

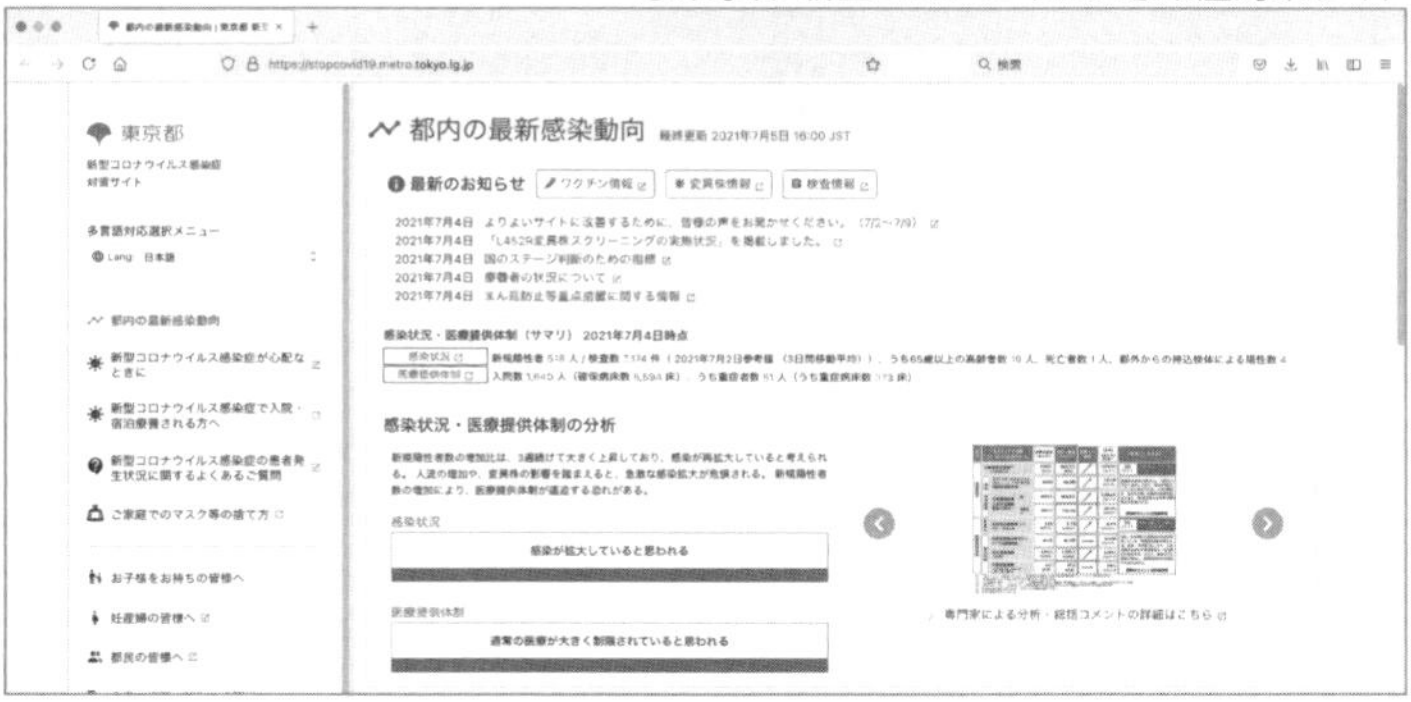


※https://stopcovid19.metro.tokyo.lg.jp/

● 東京都 新型コロナウイルス感染症対策サイトのGitHub上のリポジトリ

URL https://github.com/tokyo-metropolitan-gov/covid19

## COCOA

新型コロナウイルス感染症対策のためのソフトウェアをもう1つ紹介します。スマートフォンの持つ Bluetooth 接続の機能を利用して、濃厚接触の疑いがある場合に通知を行うソフトウェアです。

オープンソースソフトウェアとして開発された後、厚生労働省のもとで開発、公開されました。しかし、実際にリリースされたソフトウェアのソースコードがなかなか公開されなかったことや、大きな不具合が発生したことの方が大きく取り上げられてしまいました。

オープンソースソフトウェアとしてのプロジェクトといえども、必ずしもうまく機能するわけではない、難しさを感じさせた反面教師としてここに挙げておきます。

● COCOAのソースコードが公開されているGitHubリポジトリ

URL https://github.com/cocoa-mhlw/cocoa

# INDEX

# INDEX

## ■著者紹介


宮原《みやはら》 徹《とおる》

日本オラクルでLinux版Oracleのマーケティングに従事後、2001年に株式会社びぎねっとを設立し、Linuxをはじめとするオープンソースの普及活動を積極的に行う。2004年に「オープンソースカンファレンス」をスタートさせる。IPA「2008年度OSS貢献者賞」を受賞。

姉崎《あねざき》 章博《あきひろ》

NECで元通信管理屋。日本Linux協会では、Linux商標やOSSライセンスの啓発に取り組む。日本OSS推進フォーラムやIPAで活動後、2008年からOSSライセンスのコンサルティングを始め、CRIC「第9回著作権・著作隣接権論文」に佳作入賞。『OSSライセンスを正しく理解するための本』Webに公開中。

OSPN

OSPN(Open Source People Network)は、オープンソースに関わる企業、コミュニティ、個人が集まったメタ・コミュニティです。オープンソースカンファレンスを開催して、情報発信と交流が主な活動です。本書籍のレビュアーとしてたくさんのメンバーが協力しました。



編集担当 : 吉成明久 / カバーデザイン : 秋田勘助 (オフィス・エドモント)

**オープンソースの教科書**

2021年9月1日　　初版発行

著　者　宮原徹、姉崎章博
監　修　OSPN
発行者　池田武人
発行所　株式会社　シーアンドアール研究所
新潟県新潟市北区西名目所4083-6(〒950-3122)
電話　025-259-4293　FAX　025-258-2801
印刷所　株式会社　ルナテック

ISBN978-4-86354-358-4 C3055